Hundepsychologie

Serge Ciccotti   Nicolas Guéguen

Hundepsychologie

Experimentelle Streifzüge in die Psychologie von Mensch und Tier

Aus dem Französischen übersetzt von Heike Berger
und Jutta Bretthauer

Titel der Originalausgabe: Pourquoi les gens ont-ils la même tête que leur chien?

Die französische Originalausgabe ist erschienen bei Dunod Editeur S.A., Paris.
© Dunod, 2010, Paris

Aus dem Französischen übersetzt von Dr. Heike Berger (Vorwort, Kap. 1–3) und
Jutta Bretthauer (Kap. 4 und 5 sowie Zusammenfassung)

Wichtiger Hinweis für den Benutzer
Der Verlag und die Autoren haben alle Sorgfalt walten lassen, um vollständige und akkurate Informationen in diesem Buch zu publizieren. Der Verlag übernimmt weder Garantie noch die juristische Verantwortung oder irgendeine Haftung für die Nutzung dieser Informationen, für deren Wirtschaftlichkeit oder fehlerfreie Funktion für einen bestimmten Zweck. Der Verlag übernimmt keine Gewähr dafür, dass die beschriebenen Verfahren, Programme usw. frei von Schutzrechten Dritter sind. Die Wiedergabe von Gebrauchsnamen, Handelsnamen, Warenbezeichnungen usw. in diesem Buch berechtigt auch ohne besondere Kennzeichnung nicht zu der Annahme, dass solche Namen im Sinne der Warenzeichen- und Markenschutz-Gesetzgebung als frei zu betrachten wären und daher von jedermann benutzt werden dürften. Der Verlag hat sich bemüht, sämtliche Rechteinhaber von Abbildungen zu ermitteln. Sollte dem Verlag gegenüber dennoch der Nachweis der Rechtsinhaberschaft geführt werden, wird das branchenübliche Honorar gezahlt.

Bibliografische Information der Deutschen Nationalbibliothek
Die Deutsche Nationalbibliothek verzeichnet diese Publikation in der Deutschen Nationalbibliografie; detaillierte bibliografische Daten sind im Internet über http://dnb.d-nb.de abrufbar.

Springer ist ein Unternehmen von Springer Science+Business Media
springer.de

© Spektrum Akademischer Verlag Heidelberg 2011
Spektrum Akademischer Verlag ist ein Imprint von Springer

11 12 13 14 15   5 4 3 2 1

Das Werk einschließlich aller seiner Teile ist urheberrechtlich geschützt. Jede Verwertung außerhalb der engen Grenzen des Urheberrechtsgesetzes ist ohne Zustimmung des Verlages unzulässig und strafbar. Das gilt insbesondere für Vervielfältigungen, Übersetzungen, Mikroverfilmungen und die Einspeicherung und Verarbeitung in elektronischen Systemen.

Planung und Lektorat: Katharina Neuser-von Oettingen, Anja Groth
Redaktion: Regine Zimmerschied
Satz: klartext, Heidelberg
Umschlaggestaltung: wsp design Werbeagentur GmbH, Heidelberg
Titelfotografie: © Laurent Audouin, Poitiers

Inhalt

Vorwort

Viele von uns haben einen kleinen Gefährten zu Hause; die Franzosen sind in dieser Hinsicht Europameister (immerhin 65 Millionen Haustiere auf 63 Millionen Einwohner). Hunde, Katzen, Hamster, Hasen, Vögel und Fische jeder Art, neuerdings auch Spinnen, Schlangen, Eidechsen oder Ratten haben ihren festen Platz – in unserem Heim wie in unseren Herzen. Dazu kommt die Begeisterung, die unsere Kinder und wir selbst für das Reiten haben, oder unsere Freude, wenn wir, im Zug sitzend oder in den Ferien, Kühe auf der Weide sehen. Und es gibt Tiere, ganz besondere, die immer wieder unser Interesse wecken oder die wir bewundern, beispielsweise Affen, Delfine oder Wölfe …

Was wir auch tun, Tiere begleiten uns. Seit unserer frühen Kindheit gehören Tiere zu unserer Vorstellungswelt, ob wir nun ein Haustier haben oder nicht. Man muss nur beobachten, wie unsere Kinder sich gegenüber Tieren verhalten, nicht nur gegenüber lebenden Tieren, sondern auch Tieren in (Zeichentrick-)Filmen oder in der Werbung, um sich das zu vergegenwärtigen.

Natürlich hat diese starke Präsenz von Tieren in unserer Umgebung, in unserem täglichen Leben, in unseren Vorstellungen und unserem Gefühlsleben Wissenschaftler veranlasst, die Wirkung zu untersuchen, die Tiere auf uns haben.

Zielsetzung dieses Buches ist es daher, unterhaltend und abwechslungsreich, von der Herangehensweise her dennoch streng wissenschaftlich, zu zeigen, wo und wie unsere Gefährten tagtäglich Einfluss auf uns ausüben. Wir zeigen, was Tiere in uns bewirken, wie sie Einfluss nehmen auf unsere Gefühlswelt, unsere Gesundheit, unsere Sozialbeziehungen und in ganz persönlichen Bereichen etwa auf unser Selbstvertrauen. Wir beschreiben außerdem, wie und mit welchen Erfolgen Tiere eingesetzt werden können, um unsere körperliche und seelische Gesundheit zu verbessern, um bestimmten negativen Verhaltensweisen wie Impulsivität oder Aggressivität vorzubeugen oder sie zu korrigieren, um die Zusammenarbeit von Kindern in der Schule und sogar die schulische Leistung zu verbessern, um Altruismus und Empathie zu fördern ... Wir erinnern an außergewöhnliche Fähigkeiten von Tieren, die wir (zu) kennen (glaubten), und wir stellen Arbeiten vor, die zeigen, zu welchen Konsequenzen unser Verhalten den Tieren gegenüber führen kann – Konsequenzen bei den Tieren und bei uns selbst.

Dass Tiere heutzutage unsere Freunde sind, wissen wir. Nach der Lektüre dieses Buches werden Sie sicherlich auch unserem Gedanken folgen können, dass Tiere Therapeuten oder Lehrer sein können, dass sie Krankheiten vorbeugen und mitunter sogar zu Liebesgeschichten führen.

1

Gar nicht so schlecht!
Im Gegenteil!

Inhaltsübersicht

Man kann kaum ein Buch über den Einfluss unserer Haustiere auf uns Menschen schreiben, ohne sich zuvor mit ihren Fähigkeiten befasst zu haben. Tatsächlich fragen wir uns oft, was unsere Haustiere wirklich wahrnehmen, was sie „denken" und über welche Fähigkeiten sie verfügen, zum Beispiel Intelligenz. Wenn wir ihre außerordentlichen Begabungen kennen, können wir anders mit unseren Tieren umgehen und uns überlegen, wie wir sie in unserem Alltag nutzen könnten.

1 Wie viele Wörter kennt Ihr Hund?
Verbale Fähigkeiten von Hunden

Psychologen wissen schon lange, dass eine gute Umgebung nicht ausreicht, um eine Sprache zu lernen. So werden Hunde genauso wie Kinder von klein auf in ein Sprachbad getaucht, aber nur Kinder lernen auch sprechen. Vielleicht wird sich dies eines Tages ändern, weil Hunde mit eindrucksvollen Begabungen ausgestattet und in der Lage sind, Worte zu verstehen.

Kaminski, Call und Fischer (2004) haben auf diese Fähigkeit aufmerksam gemacht. Ihre Arbeiten zeigen die außergewöhnlichen Fähigkeiten eines Collies namens Rico. Dieser Hund ist in der Lage, Worte zu verstehen. Wie haben die Forscher das herausgefunden? Sie verteilten zehn Gegenstände in einem Raum und forderten Rico auf, einen davon zu bringen. Dies wiederholten sie mehrfach, immer mit wechselnden Gegenständen und großem Erfolg. Die Ergebnisse lassen die Forscher darauf schließen, dass Rico ein Vokabular von gut 200 Wörtern besitzt!

Aber das Erstaunlichste war, dass Rico sehr schnell ein „räumliches Abbild" von der Lage der Gegenstände im Raum hatte, eine Fähigkeit, die Kinder erst mit zwei Jahren entwickeln. Rico war also in der Lage, anhand seiner „mentalen Landkarte" sprachliche Schlussfolgerungen zu ziehen. Dies mag nun sehr kompliziert klingen, wird aber sicher verständlicher mit dem nächsten Experiment. Dieser Versuch wurde sehr schnell durchgeführt. Rico wurde vor sieben Gegenstände geführt, unter denen sich einer befand, den er nicht kannte. Seine Besitzerin nannte nun den Namen des unbekannten Gegenstands und forderte Rico auf, diesen zu holen. Der Hund konnte schlussfolgern, dass das ihm unbekannte Wort mit dem ihm unbekannten Gegenstand korrespondierte. Er bewies damit, dass er über vergleichbare Kompetenzen wie Kinder mit etwa zwei Jahren verfügt: Neue Wörter beziehen sich auf neue Gegenstände, für die noch kein Name gelernt wurde!

Als die Forscher Rico einen Monat später wieder ins Labor brachten, stellten sie fest, dass er die neuen Worte behalten hatte. Er hatte gelernt.

Derartige Fähigkeiten werden von Kindern kaum vor einem Alter von drei bis vier Jahren erworben. Selbst Schimpansen sind hier weniger begabt, denn sie erreichen nicht dieselbe Geschwindigkeit bei der räumlichen Erinnerung (Seidenberg & Petitto, 1987). Für Psychologen sind Hunde die „neuen Schimpansen". Der Grund hierfür ist die Evolution, denn Hunde haben an der Seite des Menschen die Fähigkeit entwickelt, die menschliche Spezies zu verstehen.

Was sind nun die Unterschiede zwischen Hunden und Kindern, außer den „Fellpfötchen"? Zunächst einmal haben Kinder ab einem Alter von zwei Jahren einen größeren Wortschatz, ein besseres Gedächtnis und eine größere Fähigkeit, Erwachsene zu verstehen, als Hunde in demselben Alter. Mit vier Jahren verfügen Kinder dann über einen Wortschatz, der Eigennamen enthält und mit dem sie Handlungen und Beziehungen beschreiben können, während Rico hauptsächlich die Bezeichnungen für Spielsachen kennt.

Ein Kind von neun Jahren verfügt über einen Wortschatz von ungefähr 10 000 Wörtern und lernt jeden Tag zehn neue Wörter dazu (Bloom, 2000). Rico, der ebenfalls neun Jahre alt ist, kennt ungefähr 200 Wörter. Außerdem konnten Psychologen zeigen, dass Kinder eine enorme Lernfähigkeit haben. Sie können zufällig aufgeschnappte Wörter geistig erfassen und aufnehmen, obwohl niemand sie ihnen beigebracht hat. Rico dagegen versteht nur im Rahmen von Spielen mit seiner Besitzerin. Ihr Hund versteht Ihre Unterhaltung mit Ihrem Nachbarn nicht durch einfaches Zuhören.

Wenn ein Kind ein Wort hört, bringt es dieses in einen Zusammenhang, es „kontextualisiert" das Wort. Wenn es beispielsweise das Wort „Ball" hört, verbindet es diesen Gegenstand mit verschiedenen Situationen, die ihm je nach Umgebung dazu in den Sinn kommen: hochspringen wie ein Ball, rund wie ein Ball, „geh, such den Ball!", Fußball spielen mit Papa etc. Für Rico bedeutet das Wort „Ball" lediglich Ball holen und den Weg dahin.

Fazit

Oft hören wir Hundebesitzer sagen, dass ihr Tier verflixt gut versteht. Manche würden sogar so weit gehen zu behaupten, dass ihnen lediglich die Sprache fehle. Sie haben damit nicht Unrecht, da die Hunde in dieser Hinsicht selbst die Begabung der Schimpansen übertreffen, wenn man den Ergebnissen der wissenschaftlichen Untersuchungen Vertrauen schenkt. Merken Sie sich, dass Ihr Hund einen Wortschatz von etwa 200 Wörtern haben kann! Bleibt die Frage, welcher Hund …

2 Mein Hund – und der Hund meines Nachbarn …
Vergleich von Fähigkeiten des eigenen Tieres mit dem anderer

Sie wissen, dass wir dazu neigen, uns überzubewerten (wir glauben beispielsweise, dass unser Auto in einem besseren Zustand ist als das unseres Nachbarn oder dass unsere Kinder begabter sind als die Kinder anderer Leute). Wissenschaftler haben sich daher gefragt, wie wir unsere Haustiere bewerten, insbesondere unseren Hund – im Vergleich zu dem anderer Leute.

> „Wie viel haben Sie für Ihren Hund bezahlt? Und für Ihre Katze? Ungefähr 150 Euro? Etwas mehr? Und wenn ich Ihnen eine Million Euro für Ihren Hund anbiete, wären Sie bereit, ihn mir zu verkaufen?"
>
> Im Jahre 2002 wurde diese Frage Menschen gestellt, die ein Haustier haben (Dayton Business Journal, 2002). Stellen Sie sich vor, 56 % haben geantwortet: „Nein, selbst für eine Million Euro (in der Studie waren es Dollar) würde ich meinen Hund (oder meine Katze) nicht verkaufen."

Zugegeben, das war vor der Krise … Dennoch, für die meisten Leute ist ihr Tier wie ein Familienmitglied. Die Amerikaner geben sogar viel Geld für die Behaglichkeit ihres Haustieres aus, zusammengenommen belaufen sich diese Ausgaben auf eine Summe von annähernd 36 Milliarden Dollar pro Jahr (APPMA, 2005).

Aber vielleicht sehen die Leute ihren Hund mit liebenden Augen. Vielleicht sind sie nicht sehr objektiv, wenn sie ihr Tier beurteilen … Vielleicht bewerten sie es besser, als es tatsächlich ist?

Dieser Frage haben sich Wissenschaftler angenommen. Sie wollten wissen, ob man wirklich objektiv ist, wenn man seinen Hund oder seine Katze beurteilt.

Wir wissen, dass Menschen, die psychisch gesund sind, die Dinge positiv und nicht unbedingt genau sehen. Sie neigen beispielsweise dazu, sich eher in positiven Beschreibungen (Großzügigkeit, Intelligenz, Gerechtigkeitssinn) wiederzuerkennen als in negativen (Geizkragen, Lügner …). So halten sich die Leute im Vergleich mit anderen für intelligenter und verantwortungsvoller, weniger snobistisch oder nicht für „falsche Fuffziger" (Brown, 1986). Die Forschung hat auch gezeigt, dass man für seine Freunde und Mitglieder der eigenen Gruppe eingenommen ist (Brewer & Kramer, 1985). Zwar bewerten wir uns besser als unsere Freunde, aber unsere Freunde schätzen wir viel positiver ein als Fremde. So versucht man, sich mit Glanz zu umgeben, indem man das stattliche Auftreten eines Freundes nutzt: „Ich habe eine fantastische Ferienwoche bei meinem Freund, einem Chirurgen, verbracht." Umgekehrt, wenn mein Freund Müllmann ist, beschränke ich mich darauf zu sagen: „Ich habe eine herrliche Ferienwoche bei meinem

Freund verbracht." Ich sage: „Wir haben gewonnen", wenn meine Mannschaft gewonnen hat, und: „Sie haben verloren", wenn meine Mannschaft verloren hat (Cialdini, Borden, Thorne, Walker, Freeman & Sloan, 1976).

Erst vor Kurzem konnte nachgewiesen werden, dass Menschen alles, was ihnen gehört, höher bewerten. Man nennt dies den „Besitzeffekt".

So ziehe ich mein kleines Häuschen dem schönen und großen Haus meines Nachbarn vor (Nesselroade jr., Beggan & Allison, 1999). Ein Objekt wird viel besser bewertet, wenn es einem selbst gehört, als wenn dies nicht der Fall ist. So erstaunlich es klingen mag: Vor die Wahl gestellt, bevorzugen die Leute die Buchstaben, die in ihrem Namen und Vornamen vorkommen (Hoorens & Nuttin, 1993). In eine ähnliche Richtung gehen Experimente, die zeigen, dass es reicht, jemandem etwas zu geben, damit dieses Objekt bald darauf attraktiver wird (etwa eine Tasse Kaffee).

Noch seltsamer ist, dass dieser Besitzeffekt zunimmt, wenn der Selbstwert bedroht wird (Beggan, 1992). Es scheint, dass dieser Mechanismus hilft, ein gutes Bild von sich aufrechtzuerhalten. Wenn ich Dinge von Wert besitze, dann bin ich von Wert!

Sie sehen sicherlich, wohin wir Ihre Aufmerksamkeit lenken wollen. Wenn die Menschen ihr Haustier als Erweiterung ihrer selbst oder ihrer Familie begreifen oder sogar als ein Objekt, das sie besitzen, dann können sie es nicht objektiv wahrnehmen. Sie werden es positiver bewerten, als es tatsächlich ist. Hunde- und Katzenbesitzer werden selbst die Persönlichkeit ihres Haustieres für besser halten als die des durchschnittlichen Tieres, vielleicht sogar als die des durchschnittlichen Menschen. Diese Hypothese wollten die Forscher prüfen.

Dafür befragten sie 140 Männer und Frauen, die ein Haustier haben, persönlich. Die Leute mussten ihr Tier in einem Fragebogen bewerten. Dieser enthielt eine Reihe von positiven (vergnügt, talentiert, loyal, intelligent etc.) und negativen Eigenschaften (ungehorsam, feindselig, träge etc.). Die Besitzer mussten ihren Hund oder ihre Katze für jede dieser Eigenschaften mit dem Durchschnitt vergleichen und bewerten. Die Ergebnisse, dargestellt in der Abbildung, entsprachen den Erwartungen der Forscher: Die Teilnehmer schrieben ihrem eigenen Tier eher die wünschenswerten und weniger die nicht so erwünschten Eigenschaften zu als dem Durchschnitt der Haustiere.

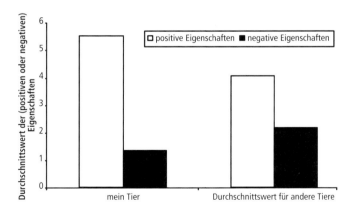

In einer anderen Befragung wollten die Forscher wissen, ob ein Zusammenhang zwischen der Persönlichkeit des Tierhalters und der Überschätzung seines Haustieres besteht. Daher haben sie im nächsten Experiment zunächst die Persönlichkeit des Besitzers ermittelt und festgestellt, dass die Tiere umso vorteilhafter bewertet wurden, je ähnlicher sich Hund (oder Katze) und ihr „Herrchen oder Frauchen" waren. Bestimmt, weil wir auch die Leute bevorzugen, die uns ähnlich sind.

Psychologen haben festgestellt, dass die Leute die Eigenschaften ihres Tieres im Vergleich mit anderen Tieren umso mehr überbewerten, je größer die Zuneigung zu ihrem Haustier ist.

Die Forscher haben schließlich auch festgestellt, dass Leute mit einer hohen Selbstachtung ihr Tier am stärksten überbewerten, ein wenig so, als ob sie die hohe Meinung, die sie von sich selbst haben, auch auf ihr Tier projizieren.

Zusammengefasst sagen diese Ergebnisse, dass Hund oder Katze Wesen sind, die uns erlauben, uns besser zu fühlen, weil sie uns indirekt aufwerten. Wenn mein Hund „ein Guter" ist, vielleicht sogar besser als die anderen, und mir seine bedingungslose Liebe schenkt, dann bin ich es irgendwie auch wert!

Fazit

Eine weitere Studie belegt, warum es vorteilhaft ist, ein Haustier zu haben: Es hilft uns in der Tat, unsere Eigenliebe zu wahren, indem wir die Eigenschaften oder das Wesen unserer kleinen Katze übertreiben … Also, wenn Ihr Partner ständig über Ihr Tier spricht, sagen Sie sich, dass dies nicht sehr objektiv ist und dass es vor allem seine enge Bindung zu Ihrem kleinen Hundchen verrät, was ihm dabei hilft, sein gutes Selbstbild aufrechtzuerhalten …

3 Wie hoch ist der IQ von meinem „Rex"?

Die Intelligenz beim besten Freund des Menschen

Sind Hunde intelligent? Das ist eine Frage, über die sich die Wissenschaftler keineswegs einig sind. Fraglich ist nicht die emotionale Seite – jeder wird Hunden eine große Emotionalität zugestehen. Man kann sogar so weit gehen, die Bindung des Hundes an seinen Besitzer als affektive Abhängigkeit zu bezeichnen. So zeigten Hunde sich bei Tests in einer „fremden Situation" (Abschnitt 8) ängstlich, wenn ihr Herrchen oder Frauchen nicht anwesend war, und freuten sich heftig, wenn er oder sie zurückkam (Prato-Previde, Custance, Spiezio & Sabatini, 2003). Ein Hund erweist sich im Allgemeinen als „sicher gebunden" an sein Herrchen.

Zu diesem Thema führte eine italienische Forschergruppe der Universität Parma (Fallani, Prato-Previde & Valsecchi, 2007) eine Studie mit Blindenhunden durch. Versuchstiere waren 57 Labradorhunde und Golden Retriever. Die Hunde wurden mit der „fremden Situation" getestet. Hierzu brachte man die Hunde für je drei Minuten in unterschiedliche Situationen: in eine unvertraute Umgebung, mal mit einer fremden Person, mit ihrem Herrchen und dann ohne ihr Herrchen. Dabei wurde die Herzfrequenz der Hunde gemessen. Es zeigte sich, dass die Herzfrequenz erhöht war, wenn die Hunde allein mit der fremden Person waren, und wieder abfiel, wenn ihr Herrchen anwesend war, wobei die Golden Retriever noch mehr Angst zeigten als die Labradorhunde. Es ist wie bei Kindern – auch Ihr Hund wird ruhiger, wenn Sie bei ihm sind.

Aber wie verhält es sich mit der Intelligenz? Um diese Frage zu beantworten, muss zuerst geklärt werden, was Intelligenz überhaupt ist. Man könnte Intelligenz definieren als die Fähigkeit, durch Nachdenken oder Rückschluss aus früheren Erfahrungen neue Probleme zu lösen, kurz, als die Fähigkeit, sich anzupassen.

Intelligenz hängt zunächst einmal von der Umgebung ab: Ein Papua würde wohl bei unseren Intelligenztests durchfallen, wird sich aber im Wald von Neuguinea weit besser als wir zurechtfinden, das heißt, er ist dort besser angepasst. Tiere sind intelligent (gut angepasst) in ihrer jeweils spezifischen Umgebung. Für den Wolf ist das der Wald, für den Hund ist es das Haus des Menschen (Csányi, 2005). Daher kommunizieren Hunde mit Menschen wesentlich besser als Wölfe. Der Hund folgt dem Blick seines Herrn, so etwas tut kein Wolf. Für Gesten gilt das Gleiche: Hunde verstehen sie besser als Wölfe, sogar besser als Schimpansen. Für den Verhaltensforscher Csányi steht fest: Hunde sind intelligent, sogar intelligenter als Wölfe.

Brian Hare von der Harvard-Universität ist derselben Ansicht. Schäferhunde sind – dank ihrer Domestizierung – intelligent. Sie übernehmen komplexe Aufgaben – Aufgaben, die der Mensch ihnen vorgibt. Der Mensch hat die Intelligenz der Hunde angeregt. Umgekehrt liegt der Schluss nahe, dass Wölfe, die nicht im Kontakt mit Menschen leben, weniger intelligent sind.

Um dies nachzuweisen, führte Csányi ein Experiment mit Hunden und in Gefangenschaft lebenden Wölfen durch. Ohne Wissen der Tiere hatte er etwas Futter unter umgedrehten Schalen versteckt. Dann deutete er den Tieren mit einer Geste die Richtung des Futters an. Die Hunde erzielten weitaus bessere Ergebnisse als die Wölfe. Ist dies nun der Beweis dafür, dass Hunde intelligenter sind als Wölfe? Nein, zumindest nicht für Monique Udell von der Universität Florida. Udell, Dorey und Wynne (2008) wiederholten und bestätigten (replizierten) dieses Experiment, aber nun mit Wölfen, die von Menschen großgezogen worden waren, und Hunden, die, weil sie im Zwinger lebten, nur wenig Kontakt zu Menschen hatten. Unter dieser Bedingung waren die Ergebnisse nicht dieselben, denn am besten schnitten die Wölfe ab, dann die mit Menschen lebenden Hunde und schließlich die Zwingerhunde. Dieses Experiment verdeutlicht uns zweierlei: Wölfe lösen, unter identischen Bedingungen, manche Aufgaben besser als Hunde. Es zeigt uns aber auch, dass Tiere durch die Anwesenheit von Menschen eine bestimmte Art von Intelligenz entwickeln, ob dies nun Wolf oder Hund ist.

Auch andere Experimente belegen die Intelligenz von Hunden. Range, Aust, Steurer und Huber (2007) haben gezeigt, dass Hunde in der Lage sind, dieselben Aufgaben wie wir zu bewältigen.

Sehen Sie im Folgenden, was unser treuer Begleiter kann und wie sich dies nachweisen ließ.

Hunde können Bilder einordnen

Um dies zu beweisen, setzten die Wissenschaftler Hunde vor taktile Bildschirme und zeigten ihnen zwei Bilder gleichzeitig, eins von einer Landschaft, das andere von einem Hund. Man hatte den Hunden beigebracht, entweder die Landschaft oder den Hund auszuwählen, dazu sollten sie den Bildschirm berühren und wurden dafür mit einer Frikadelle belohnt.

Anschließend zeigte man den Hunden andere Fotos von Hunden und Landschaften. Obwohl dies Landschaften und Hunde waren, die die Versuchshunde niemals gesehen hatten, wählten die Hunde weiterhin, und ohne sich zu irren, Landschaft beziehungsweise Hund aus, so wie sie es gelernt hatten. Das bedeutet, dass Hunde Bilder klassifizieren und ihre Kenntnisse auch auf neue Situationen übertragen können. In einem nächsten Versuch zeigte man den Hunden neue Bilder von Landschaften. In einige dieser Bilder war ein Hund „montiert" worden, in andere nicht. Auch hier haben sich die Versuchshunde nicht getäuscht. Obwohl die Bildinformation nicht eindeutig war, reagierten die Hunde, die „Hund" gelernt hatten, auf „Landschaft mit Hund". Diese Ergebnisse zeigen, dass Hunde in der Lage sind, sich einen Begriff von „Hund" zu bilden. Natürlich belegt das Experiment nicht, dass sie die Hunde auf den Bildern als wirkliche Hunde erkannt haben. Aber wie dem auch sei, Hunde können wie wir Menschen vielschichtige, komplexe Fotos in Kategorien einordnen – und dies ohne menschliche Intervention!

Hunde können Menschen imitieren

In einer Reihe von Experimenten konnte man zeigen, dass Hunde in der Lage sind, den Menschen nachzuahmen. Hunde wären demnach mit einer sozialen Intelligenz ausgestattet, die es ihnen ermöglicht, ihren Besitzer zu verstehen. In der Tat konnten die Forscher nachweisen, dass ein vierjähriger belgischer Schäferhund namens „Philip" in der Lage war, menschliches Verhalten lediglich durch Beobachten zu imitieren (Topál, Byrne, Miklósi & Csányi, 2006). Der Versuchsleiter nahm eine Flasche, die im Raum auf dem Boden stand, stellte sie woanders hin und sagte zu

Philip: „Do it!" (Mach das!) Man stellte fest, dass Philip dieselben Umplatzierungen der Flasche vornahm, was nicht einfach Zufall sein konnte. Dies zeigt, dass Hunde die Fähigkeit zum Nachahmen haben. Der Hund könnte die Sequenz der Umplatzierung durch einfache Beobachtung erkannt haben. Er hat also den Ausgangszustand (die Flasche auf dem Boden an einem bestimmten Platz) und das „Werkzeug" zur Fortbewegung (die Flasche mit seiner Pfote greifen), um das Ziel zu erreichen (die Flasche zu einem bestimmten anderen Platz zu bringen), wahrgenommen. Hunde könnten folglich in sozialen Situationen, das heißt im Kontakt mit Menschen, Kompetenzen erwerben.

Möglicherweise können sich junge Hunde, vielleicht auch junge Katzen, vom Menschen mehr abschauen als ältere Tiere. Wie Menschen lernen auch Tiere in jungen Jahren mehr und besser als mit zunehmendem Alter. Vielleicht machen deshalb manche Katzen Pipi ins Waschbecken, weil sie ihre Herrchen und Frauchen dies haben tun sehen. Man weiß auch, dass Tiere nicht zu früh von der Mutter getrennt werden sollen, weil die Mutter ihre Sprösslinge einige Wochen lang erzieht. Die Kleinen lernen, ihre Eltern zu respektieren, sich an „Anweisungen" zu halten usw. Daher zeigen Tiere, die erst etwas später von ihrer Mutter getrennt wurden, seltener Aggressivität oder dominantes und unsoziales Verhalten.

Hunde sind sich unserer Aufmerksamkeit bewusst

Schwab und Huber (2006) von der Universität Wien testeten 16 Hunde zusammen mit ihren Besitzern. Der Besitzer sollte seinen Hund auffordern, sich hinzulegen („Platz!"), was dieser auch tat. Nun sollte sich der Besitzer verschiedenen Aktivitäten widmen. Die Forscher stellten fest, dass sich die Hunde je nach Aufmerksamkeit ihres Herrchens oder Frauchens unterschiedlich benahmen. Wenn diese ihre Hunde immer mal wieder mit einem Blick streiften, blieben sie meistenteils liegen. Wenn die Besitzer aber lasen, fernsahen, ihnen den Rücken zudrehten oder das Zimmer verließen, erhoben sich die Hunde schon mal diskret und unauffällig. Dies zeigt, dass die Hunde wahrgenommen haben, wohin die Aufmerksamkeit ihres Besitzers ging, indem sie den Blickkontakt oder dessen Körper- und Kopfhaltung beobachtet haben.

Hunde können Schlussfolgerungen ziehen

In drei Experimenten sollte getestet werden, ob Hunde ihr Spielzeug durch schlussfolgerndes Denken wiederfinden können. Der Versuchsleiter versteckte ein Spielzeug unter einem von zwei identischen und umgedrehten Behältern. Dabei konnte der Hund nicht sehen, unter welchem der beiden Behälter das Spielzeug versteckt wurde. Dann wurde der leere Behälter umgedreht. Es zeigte sich, dass die Hunde ihr unter einem der beiden Behälter verstecktes Spielzeug schlussfolgernd – durch Ausschluss – wiederfinden konnten. Die Forscher stellten überdies fest, dass sich die Hunde, wenn ihnen ein Mensch kommunikative Zeichen gab (Blicke, Gesten), ganz auf diesen verließen und nicht mehr die Anstrengung unternahmen, selbst zu überlegen. Für die Wissenschaftler bedeutet dies, dass Hunde sich in ihrem eigenen Schlussfolgern durch diese Voreingenommenheit oft behindern (Erdohegyi, Topál & Virányi, 2007).

Hunde können zählen!

Ward und Smuts (2007) haben gezeigt, dass Hunde Mengenvergleiche durchführen können. Ein Hund, der nach Belieben fressen darf, wählt die Schüssel, in der die meisten Würstchen liegen. Diese Fähigkeit haben die Forscher an gut 20 Hunden getestet, denen sie jeweils zwei Schüsseln mit unterschiedlich großen Nahrungsmengen (Würstchen) zeigten. Dabei gab es acht mögliche Kombinationen: ein Würstchen in der einen, zwei Würstchen in der anderen Schüssel oder ein Würstchenverhältnis von 3:4 beziehungsweise von 1:4. Anschließend wurden die Schüsseln umgedreht. Die Forscherinnen sorgten dafür, dass das Ergebnis nicht durch den Geruch verfälscht wurde. Nun sollten sich die Hunde ihre bevorzugte „Fresschen"-Schüssel aussuchen. Die Hunde haben sich systematisch auf die Schüssel zubewegt, in der sie zuvor die meisten Würstchen hatten liegen sehen. Dies lässt vermuten, dass Hunde, übrigens genauso wie Affen, sich ein Bild machen, das es ihnen ermöglicht, Mengenvergleiche anzustellen.

Trotz dieser offensichtlich gegebenen Menge an Fertigkeiten vertreten einige Fachleute wie Ray Coppinger die Ansicht, dass Hunde aus verschiedenen Gründen nicht intelligent sind: Ihre begrifflichen Fähigkeiten sind recht schwach (sie haben zum Beispiel keine Vorstellung von der vorübergehenden Zeit), sie haben keine Vorstellungen über mentale Zustände erworben (*theory of mind*; sie erkennen sich zum Beispiel nicht im Spiegel), und sie haben keine Absichten (ein Hund ist sich nicht bewusst, was er tut, wenn er bellt, er hat es unfreiwillig so gelernt).

Die Intelligenz von Hunden herauszustellen, ist nicht einfach. Dennoch hat der Psychologe Coren versucht, die Intelligenz von Hunden nach verschiedenen Rassen zu unterscheiden. Hierfür erarbeitete er Belege für Intelligenz, Gehorsam und Einsatzfähigkeit von Hunden. Seine Untersuchungen, die nicht in allem Einhelligkeit erzielten, wurden in einem Buch veröffentlicht (Coren, 1995). Er bat Hundebesitzer, Hundezüchter und Tierärzte, Hunde einen Test machen zu lassen. Hier einige Fragen aus diesem Test: „Gehen Sie an die Tür und notieren Sie die Zeit, die Ihr Hund benötigt, um Ihnen dorthin zu folgen"; „Verstecken Sie eine Leckerei unter einer Tasse und nehmen Sie die Zeit, die Ihr Hund braucht, um sie dort zu entdecken"; „Lächeln Sie Ihrem Hund zu und nehmen Sie die Zeit, bis er bei Ihnen ist"; „Wickeln Sie Ihrem Hund ein Handtuch um Kopf und Schultern und notieren Sie die Zeit, bis er sich befreit hat".

Nachdem er alle Testergebnisse zurückerhalten hatte, konnte Coren die Hunde nach dem, was er für Intelligenz und Gehorsam hielt, klassifizieren und eine Intelligenz-Rangliste erstellen. In der Tabelle sind die Hunde vom intelligentesten (Nummer 1) bis zum wenigsten intelligenten (Nummer 80) aufgeführt.

1	Border Collie	10	Australischer Schäferhund
2	Pudel		
3	Deutscher Schäferhund	11	Pembroke Welsh Corgi
4	Golden Retriever	12	Zwergschnauzer
5	Dobermann	13	English Springer-Spaniel
6	Shetland Sheepdog		
7	Labrador-Retriever	14	Tervueren
8	Papillon	15	Schipperke
9	Rottweiler	16	Collie

17   Kurzhaariger Deutscher Vorstehhund

18   Englischer Cocker-Spaniel
Mittelschnauzer

19   Brittany-Spaniel

20   Cocker-Spaniel

21   Weimaraner

22   Berner Sennenhund

23   Spitz

24   Irischer Wasserspaniel

25   Vizsla

26   Cardigan Welsh Corgi

27   Yorkshire Terrier

28   Riesenschnauzer

29   Bouvier de Flandres

30   Border-Terrier

31   Welsh Springer-Spaniel

32   Manchester Terrier

33   Samojede

34   Neufundländer

35   Cairn-Setter
Kerry Blue-Terrier
Irischer Setter

36   Norwegischer Elchhund

37   Zwergpinscher

38   Norwich Terrier

39   Dalmatiner

40   Glatthaariger Foxterrier

41   Irischer Wolfhund

42   Australischer Schäferhund

43   Finnenspitz

44   Drahthaariger Deutscher Vorstehhund

45   Bichon à Poil Frisé

46   Tibet-Spaniel

47   West Highland White Terrier

48   Boxer
Grand Danois

49   Dachshund

50   Malamute

51   Drahthaariger Foxterrier

52   Rhodesian Ridgeback

53   Irischer Terrier

54   Boston-Terrier
Akita Inu

55   Skye-Terrier

56   Norfolk-Terrier

57   Mops

58   Französische Bulldogge

59   Griffon Bruxellois
Malteser

60   Italienischer Laufhund

61   Chinesischer Schopfhund

62   Lakeland-Terrier

63	Old English Sheepdog	73	Beagle
64	Pyrenäenhund	74	Pekinese
65	Bernhardiner	75	Bloodhound
66	Bullterrier	76	Barsoi
67	Chihuahua	77	Chow-Chow
68	Lhasa Apso	78	Bulldogge
69	Bullmastiff	79	Basenji
70	Shih-Tzu	80	Afghanischer Wind-
71	Basset		hund
72	Mastiff		

Nach: Coren, S. (1995). *Die Intelligenz der Hunde*, Reinbek bei Hamburg: Rowohlt.

Die ersten zehn (vom Border Collie bis zum Australischen Schäferhund) können eine neue Ordnung nach nur fünf Wiederholungen lernen. Sie haben ein gutes Gedächtnis für das, was sie gelernt haben. Sie reagieren innerhalb von Sekunden, selbst wenn ihr Besitzer weit weg ist.

Die letzten zehn der Liste sind wenig gehorsame Hunde mit geringen Einsatzfähigkeiten. Sie behalten keine neuen Ordnungen. Zumindest benötigen sie an die 80 Wiederholungen für eine halbwegs zuverlässige Reaktion, selbst wenn sie die neue Ordnung verstanden haben. Und manche Hunde kann man fast für „unwiederbringlich" halten: Der Hund läuft die Straße lang, und Sie können sich die Seele aus dem Leib schreien – er setzt seinen Weg fort, Ihr Geschrei ignorierend.

Fazit

Hunde haben nicht nur eine vortreffliche Spürnase, sondern, wie die Forschungen zeigen, darüber hinaus auch ungeahnte Fähigkeiten. In der Tat sind solche Untersuchungen für Fachleute sehr nützlich, denn sie zeigen, dass man Hunden einige wichtige Aufgaben übertragen kann.

So können Hunde im Bereich der Lebensrettung und bei der Hilfe von Personen mit Behinderungen eingesetzt werden. Wenn man bedenkt, welche Fähigkeiten wir bei Hunden bereits in den wenigen Studien entdecken konnten, scheint es uns in der Tat nicht übertrieben, hier von Intelligenz zu sprechen.

4 „Leckerfläschchen für mein Mäuschen"

Wahrnehmung der Intelligenz von Hunden und unsere Art, mit ihnen zu sprechen

Sicherlich haben Sie schon gehört, wie manche Mütter oder Väter mit ihrem Baby sprechen. Form und Regeln sowie Satzbau und Wortschatz sind weit davon entfernt, den Anforderungen für die Prüfung in moderner Sprach- und Literaturwissenschaft zu genügen („Für wen ist denn wohl das kleine Schnullerchen?"…). Ob wir während der Zubereitung des Fläschchens „Leckerfläschchen für mein Mäuschen" oder „Hier haben wir ein vorzügliches Milchgetränk, das ich dir zubereitet habe, mein entzückendes kleines Mädchen" sagen, ist ein großer Unterschied. Sie verstehen sicher, dass Eltern diese Art von Sprache nutzen, weil sie glauben, sich so auf das Niveau ihrer Kinder zu begeben und sich ihnen dadurch besser verständlich machen zu können (das stimmt übrigens, da man zeigen konnte, dass Kinder schneller sprechen lernen, wenn so mit ihnen geredet wird; vgl. hierzu Ciccotti, 2006).

Manche Forscher haben sich gefragt, ob wir nicht, wenn wir mit Tieren sprechen, auch so vorgehen, vor allem in Abhängigkeit von den Fähigkeiten, die wir ihnen unterstellen.

Sims und Chin (2002) setzten eine erwachsene Katze von zwei Jahren in einen Raum, in dem sich ein Katzenspielzeug befand. Bei dem Spielzeug handelte es sich um einen 60 Zentimeter hohen Kratzbaum mit drei Ebenen und Durchgängen von einer Ebene zur nächsten (bei Katzen normalerweise sehr beliebt). Studenten sollten sich nun mit der Katze beschäftigen. Es wurde ihnen gesagt, dass sie drei Minuten Zeit hätten, um die Katze dazu zu bringen, mit diesem Spielzeug zu spielen. Sie sollten dies bewerkstelligen, ohne die Katze zu berühren, lediglich mithilfe von Sprache, Gesten oder indem sie das Spielzeug bewegten. Der Katze hatte man im Experiment einen anderen Namen gegeben. Die Interaktion wurde auf Video aufgenommen und der sprachliche Inhalt anschließend von unabhängigen Juroren bewertet: nach Anzahl und Häufigkeit von Worten, Satzkonstruktionen, Ermutigungen und an die Katze gerichteten Fragen und vor allem dem Sprachniveau. So wurde ein Maß für den mehr oder weniger kindhaften Sprachstil gebildet, zum Beispiel wurde der Satz „Komm auf das Deckelchen, kleine Miezekatze!" als stärker ausgeprägte Kindersprache gewertet als „Komm, spring auf die obere Platte!". Anschließend fragte man die Teilnehmer, ab welchem Punkt sie die Katze intelligent fanden und ab wann sie sie mochten. Dies sollten sie auf einer Skala – 1 („Ich mochte die Katze nicht") bis 7 („Ich mochte die Katze sehr") – bewerten.

Es zeigte sich, dass wahrgenommene Intelligenz der Katze und verwendetes Sprachniveau durchaus zusammenhängen: Je intelligenter die Teilnehmer die Katze einschätzten, desto besser waren ihr Satzbau und Sprache. Je weniger intelligent sie die Katze einschätzten, desto mehr sprachen sie in Kindersprache mit ihr.

Es wurde auch deutlich, dass die Teilnehmer die Katze umso mehr ermutigten, für je intelligenter sie sie hielten, und dass die Ermutigungen seltener waren, wenn die Katze als weniger intelligent eingeschätzt wurde. Das Gleiche galt für die Zeit der Interaktion, für die Länge der Sätze und die Anzahl der Wörter.

Wenn die Studenten die Katze als intelligent wahrnahmen, machten sie auch mehr Bewegungen und Gesten, während ihre Bewegungen und Gesten spärlicher waren, wenn sie das Tier für weniger intelligent hielten.

Fazit

Letzten Endes geht Vermenschlichung der Tiere recht weit, denn es scheint, dass wir unser sprachliches Verhalten und überhaupt den Inhalt unserer sprachlichen Äußerungen an die Fähigkeiten, die wir den Tieren unterstellen, anpassen. Dies machen wir unter Menschen so, und wir wenden dieses Prinzip auch bei Tieren an. Tatsächlich könnte man meinen, dass mancher Misserfolg in der Kommunikation mit Tieren auch dieser falschen Einschätzung ihrer Fähigkeiten zuzuschreiben ist, denn wenn wir unser Sprachniveau herunterschrauben, wenn wir weniger ermutigen, wenn wir unsere die Kommunikation erleichternden Gesten reduzieren, versteht uns das Tier nicht. Die Forscher vermuten, dass Misserfolge in der Tiererziehung durch Fehlannahmen über deren Fähigkeiten zustande kommen. Wenn wir das Tier für dumm halten, sind erzieherische Misserfolge nahezu vorprogrammiert. Dann unternehmen wir weniger Anstrengungen, weniger Ermutigungen, weniger Gesten und sagen uns schließlich: „Ich hatte doch Recht: Diese Katze ist dumm, die begreift überhaupt nichts!" („Versuchsleiter-Erwartungs-Effekt"). Pygmalion findet sich also nicht nur in unseren Schulen!

5   Wer versteht den Menschen am besten?
Unterschiedliche Begabung von Tieren, den Menschen zu verstehen

Welches Tier ist dem Menschen am nächsten? Sie werden sicherlich „der Schimpanse" sagen, nicht wahr? Wenn dies der Fall wäre, würde das ja bedeuten, dass die Kommunikation zwischen Mensch und Affe der Kommunikation zwischen Mensch und anderen Tieren, etwa dem Hund, überlegen ist. Sind Sie mit dieser Schlussfolgerung einverstanden? Sie werden noch einmal sehen, dass manche Annahmen, selbst wenn sie weit verbreitet sind, nicht immer der Realität entsprechen.

Man wollte wissen, ob diese Behauptung stimmt. So wurden Gesprächs- und Interaktionssituationen hergestellt und beobachtet, Situationen mit Menschen, Hunden und Affen. Erraten Sie das Ergebnis? Nun, es kam heraus, dass

Hunde die Kommunikation von Menschen ebenso gut verstehen wie Affen. Ihre Leistungen sind sogar vergleichbar mit denen von Kindern in solchen Situationen.

Wir verdanken diese Beobachtung vier Verhaltensforschern der Universität Budapest in Ungarn (Soproni, Miklósi, Topál & Csányi, 2001).

Versteckt ein Mensch Futter an einem oder mehreren verschiedenen Orten und gibt dem Hund anschließend Hinweise oder zeigt darauf, wo das Futter versteckt ist, dann ist der Hund in der Lage, das Futter wiederzufinden. Er ist sogar in der Lage, es zu lokalisieren, selbst wenn der Mensch verschiedene Formen von Kommunikation nutzt, insbesondere wenn er

- mit dem Finger auf das Versteck zeigt,
- das Versteck unverwandt ansieht (Kopf und Augen sind auf das Ziel gerichtet),
- sich dem Versteck zuneigt oder ein Zeichen mit dem Kopf in Richtung des Verstecks macht.

Am schwierigsten ist es für den Hund, wenn sein Herrchen einen Blick auf das Versteck wirft, ohne dabei den Kopf in die Richtung zu drehen. Aber sogar in diesem Fall gelingt es einigen Hunden spontan (McKinley & Sambrook, 2000) oder nach einer entsprechenden Schulung (Miklósi, Polgardi, Topál & Csányi, 1998).

Der Hund versteht die menschliche Kommunikation gut, weil er mit dem Menschen seit Jahrtausenden zusammenlebt. Seine natürliche Umgebung sind heute das Haus des Menschen und die menschliche Familie. Durch das lange Zusammenleben hat sich der Hund an die menschliche Kommunikation angepasst. Im Übrigen haben die Menschen im Laufe der Jahrhunderte die Hunde auserwählt, die am besten mit ihnen leben können. Nur die sozialsten und bestangepassten wurden und werden zur Zucht zugelassen. Dies führte zu einer Nachkommenschaft, die kooperativ ist und die menschliche Kommunikation ziemlich mühelos versteht (Miklósi, Polgardi, Topál & Csányi, 1998). Selbst ein kleiner Welpe von sechs Monaten, der doch nur wenig Erfahrung mit menschlichen Wesen hat, holt genauso flink wie erwachsene Hunde ein Objekt, das man ihm zeigt (Hare & Tomasello, 1999), was hingegen Wölfe nicht tun (Miklósi, Gácsi, Kubinyi, Virányi & Csányi, 2002). Anders als Hunde folgen Wölfe nicht der Hand des Menschen, die auf etwas zeigt. Mehr noch – dem natürlichen Verhalten von Wölfen entspricht es, den Blick zu vermeiden (Miklósi, Kubinyi, Topál, Gácsi, Virányi & Csányi, 2003). Vor bestimmte Aufgaben gestellt, etwa eine Tür zu öffnen oder auch um Nahrung zu erhalten, bellt der Hund und wendet sich dem Menschen zu, als wolle er ihm so seine Wünsche mitteilen. Dies würden Wölfe niemals tun. Selbst die Primaten können nicht alle den Menschen so gut verstehen und sich mit ihm verständigen wie Hunde. Obwohl viele zwar dem Blick des Menschen folgen, gelingt es etlichen Arten, auch den Schimpansen, nicht so gut wie den Hunden, die Zeichen des Menschen zu interpretieren (Call & Tomasello, 1996).

All dies weist auf die genetische Bedeutung hin. Die leichte Auffassungsgabe von Hunden ist eine Veranlagung. Sie taucht erst vor nicht allzu langer Zeit in der Geschichte des Hundes auf und stammt sicherlich von einer Wolfsrasse ab, die heute wahrscheinlich schon ausgestorben ist.

Miklósi, Pongracz, Lakatos, Topál und Csányi (2005) führten eine Reihe von Experimenten durch, um zu ergründen, ob Katzen ähnliche Fähigkeiten haben wie Hunde. Sie verglichen daher 14 Katzen und 14 Hunde miteinander.

Im ersten Experiment war Futter versteckt worden, und der Besitzer der Tiere deutete mit dem Finger darauf, aus der Nähe und aus einer größeren Entfernung. Es gab keine nennenswerten Unterschiede zwischen Hunden und Katzen. Auch Katzen verstehen die menschliche Kommunikation gut.

Im nächsten Experiment war das Futter nicht nur versteckt, sondern auch unerreichbar. Und hier waren nur die Hunde in der Lage, ihrem Herrchen verständlich zu machen, dass sie Hilfe benötigen. Die Katzen versuchten, das Futter ohne menschliche Hilfe zu ergattern. Hier also gab es deutliche Unterschiede zwischen Hunden und Katzen.

Außerdem stellten die Forscher fest, dass Hunde viel mehr Zeit damit verbringen, auf das Gesicht des Menschen zu achten, als Katzen, sei es, um herauszubekommen, was ihr Besitzer möchte, oder um ihm etwas mitzuteilen, etwa „Könnte ich jetzt dorthin gehen?", „Hilf mir! Ich schaffe es nicht, an das Futter heranzukommen".

Fazit

Wieder einmal stellen wir fest, dass der beste Freund des Menschen diesen Namen auch verdient, so wichtig, wie seine Fähigkeiten sind. Hunde sind – anders als Katzen – die Tiere, die vom Menschen seit Jahrhunderten geformt und erzogen wurden, was nur möglich ist, weil sie auf den Gesichtsausdruck ihres „Herrchens" achten und Blickkontakt mit ihm halten.

6   Erkennt Ihr Hund Sie auf einem Foto?

Fähigkeit von Hunden, Gesichtszüge wiederzuerkennen

Viele Leute glauben, dass Hunde ihren Besitzer nur erkennen, wenn er anwesend ist, weil Tiere zum Erkennen körperliche Merkmale wie Geruch, Stimme, Gestalt etc. benötigten. Wenn Sie so denken, seien Sie sich nicht zu sicher! Denn es sieht so aus, als könnte Ihr Hund Sie auch auf einem Foto in der Zeitung erkennen.

Um dies nachzuweisen, führten Adachi, Kuwahata und Fujita (2007) folgendes Experiment durch: Sie setzten Hunde vor einen großen Bildschirm und zeigten ihnen Fotos von Gesichtern. Dabei handelte es sich sowohl um Fotos von ihrem Besitzer als auch von Fremden. Die Hunde konnten gleichzeitig mit dem Foto eine Stimme hören, die Stimme ihres Besitzers oder eines Fremden. Schließlich zeigten sie den Hunden das Foto von ihrem Herrchen, mal mit seiner eigenen Stimme, mal mit der fremden Stimme, und dann das Foto des Fremden, mal mit der fremden Stimme, mal mit „der Stimme ihres Herrchens".

Es zeigte sich, dass Hunde sehr erstaunt, ja überrascht sind, die Stimme ihres Besitzers zu hören und dazu ein fremdes Gesicht zu sehen. Sie schauen dann viel länger hin, als wenn sie ihren Besitzer sehen und seine Stimme hören. Warum? Einfach, weil dies ihren Erwartungen widerspricht. Für die Forscher war dies der Beleg dafür, dass der Hund ein Bild von Ihrem Gesicht im Gedächtnis gespeichert hat, das aktiviert wird, wenn er Ihre Stimme dazu hört.

Fazit

Es reicht eine einfache Abbildung von Ihnen, damit Ihr Hund Sie erkennen kann. Körperliche Merkmale wie Geruch oder der Klang Ihrer Stimme sind also nicht absolut notwendig. Und die Moral von der Geschicht': Ihr Hund hat, wenn Sie ihn rufen, ohne dass er Sie sehen kann, trotzdem sofort Ihr Gesicht vor Augen …

2

Haustiere sind unsere Freunde

Inhaltsübersicht

Die Beziehungen zwischen Mensch und Tier gestalten sich sicherlich ähnlich unterschiedlich wie die der Menschen untereinander. Wir zeigen uns autoritär, sanft, verständnisvoll oder auch ängstlich gegenüber unserem Tier oder anderen Tieren. Wir suchen den Kontakt oder gehen ihm tunlichst aus dem Weg. Ja, unser Verhalten gegenüber Tieren variiert auch je nachdem, wie wir über ihre Fähigkeiten denken. Wie unter Menschen bestimmen Vorurteile und Stereotype unsere Beziehungen zu Tieren: „Das ist ein Pitbull, von dem halte ich mich besser fern, der ist gefährlich", „Das ist ein Labrador, der ist kinderlieb". Und, wie im menschlichen Kontakt, bestimmt die Art, wie wir mit dem Tier umgehen, ganz erheblich, wie sich das Tier uns gegenüber verhält. Auch die Erziehung wirkt sich, ähnlich wie die Kindererziehung, auf das Verhalten der Tiere gegenüber uns selbst und anderen aus. Schließlich weiß man, dass nicht alle Interaktionen positiv sind und dass das Tier manchmal zum Prügelknaben des Menschen wird.

In den folgenden Abschnitten schildern wir einige Forschungsarbeiten zu den sehr unterschiedlichen Verhaltensweisen der Menschen gegenüber Tieren. Einige sind amüsant, andere weniger, wenn man sieht, wie wir Tiere mitunter für unsere eigene Aggressivität missbrauchen.

7   Wie Hund und Katz ...
Wie werden die beiden unzertrennlich?

Von Menschen, deren Beziehung von vielen Streitereien geprägt ist, sagt man häufig, sie sind „wie Hund und Katz". Damit bezieht man sich auf das vermeintliche Verhältnis der beiden uns am meisten vertrauten Haustiere. Und dennoch, wissen Sie, dass Hunde und Katzen auch in schönster Eintracht zusammenleben können?

Wie ist das möglich? Das Wissen darum verdanken wir einer Untersuchung an der Universität von Tel Aviv (Feuerstein & Terkel, 2008):

1. Man muss die Katze vor dem Hund anschaffen.
2. Hund und Katze müssen noch jung sein (die Katze soll höchstens sechs Monate, der Hund höchstens ein Jahr alt sein).

Wenn Sie diese beiden Bedingungen einhalten, haben Sie die besten Chancen, dass Hund und Katze in perfekter Harmonie aufwachsen und zusammenleben.

Die Forscher befragten 200 Leute, die Hund *und* Katze besitzen. Die Tiere wurden gefilmt und ihre Verhaltensweisen wurden analysiert.

Bei zwei Drittel war die Beziehung zwischen den Tieren sehr gut. Das war immer dann der Fall, wenn die Katze zuerst da war und die Tiere sehr jung zusammengekommen waren. In 25 % der Haushalte ignorierten sich die beiden. Lediglich 10 % der untersuchten Tiere waren aggressiv und lieferten sich Verfolgungsjagden à la Tom und Jerry.

Bemerkenswert fanden Feuerstein und Terkel, dass die Hunde und Katzen, die sich gut verstanden, miteinander kommunizieren können. Die Katze kann „Hundisch" sprechen und der Hund versteht die Sprache der Katze. Die Tiere hatten gelernt, die Körpersignale des jeweils anderen zu entschlüsseln und miteinander zu „diskutieren". Die Katze schlägt mit dem Schwanz, wenn sie zornig wird, Hunde knurren. Die Katze schnurrt, wenn es ihr gut geht, und der Hund wedelt mit dem Schwanz. Die Tiere haben gelernt, ganz subtile Zeichen des anderen zu entschlüsseln; sie wissen genau, wann sie sich nähern dürfen, etwa um zu spielen, und wann sie dem anderen besser aus dem Weg gehen, um keinen Streit vom Zaun zu brechen. Anhand der Filmaufnahmen von 45 Paaren aus Hund und Katze beobachteten die Forscher, dass die Tiere in 80 % der Fälle entsprechend dem Verhaltenskodex ihres Gefährten reagierten … Hunde und Katzen können sich über ihre Instinkte hinaus miteinander weiterentwickeln. Die Forscher haben Hunde und Katzen beobachtet, die zusammen spielten, die sich dieselbe Wasserschüssel teilten und die sogar dicht beieinander schliefen. Normalerweise beschnüffeln Hunde sich gegenseitig an ihrem Hinterteil, um sich zu begrüßen (oder genauer, um Informationen zu erhalten). Katzen dagegen beschnüffeln die Schnauze ihrer Artgenossen. Die Forscher haben nun beobachtet, dass ein Hund, der in perfekter Harmonie mit einer Katze lebt, deren Gewohnheiten annimmt. Er kommt und beschnüffelt die Schnauze der Katze, als wollte er ihr in ihrer Sprache „Guten Tag" sagen, und vermeidet es, an ihrem Hinterteil zu riechen (weil das in Katzensprache als Grobheit ausgelegt werden könnte!).

Fazit

Hier haben wir also ein weiteres Vorurteil, das einer empirischen Überprüfung nicht standhält. Diejenigen, die man für ewige Feinde hält, können ganz friedlich und in großer Eintracht zusammenleben. Die Redewendung „wie Hund und Katz" scheint die Beziehung, die sich zwischen diesen beiden Tieren entwickeln kann, kaum passend zu beschreiben. Wenn man es richtig anstellt, können sie die besten Freunde der Welt werden. Die friedlichen Beziehungen zwischen Hund und Katze sind ein Vorbild, dem wir Menschen öfter folgen sollten …

8 Sie und Ihre Katze

Haben Katzen wirklich eine Bindung zu ihrem Herrchen?

Man sagt häufig, dass Hunde an ihrem Herrchen und Katzen an ihrem Heim hängen. Aber ist das wirklich so? Oder glauben wir das nur und verhalten uns dann entsprechend? Sie haben ein Haustier, und Sie hängen sicherlich an ihm. Sie sorgen sich um die Gesundheit Ihres Hundes oder Ihrer Katze. Sie kümmern sich um Ihr Tier aufgrund Ihrer Bindung an Ihr Tier.

Man spricht oft von der Bindung des Menschen zu seinem Haustier. Aber wie verhält es sich eigentlich umgekehrt? Insbesondere bei den Katzen? Glauben Sie, dass eine Katze sich an ihr Herrchen „bindet"? Es gibt nur wenige Studien hierzu …

Dennoch haben sich einige Wissenschaftler für diese Frage interessiert. Sie wollten herausfinden, ob sich Katzen – vielleicht unterschiedlich je nach Rasse, Alter oder Geschlecht – an Menschen binden. Dazu untersuchten sie 28 Katzen verschiedener Rassen im Alter von einem bis sieben Jahren, und zwar mit dem „Fremde Situation" genannten Test nach Ainsworth. Dieser Test wurde in den 1960er Jahren entwickelt (Ainsworth & Wittig, 1969), um die Bindung von Bezugsperson (in der Regel die Mutter) und Kind zu studieren. Hierfür beobachtete man 20 Minuten lang ein Kind, das in einem ihm unbekannten Raum spielte. Während dieser Zeit war es mal mit der Mutter, mal mit einer fremden Frau oder ganz allein in dem Raum. So konnte man beobachten, wie sich das Kind in den verschiedenen Situationen verhielt, insbesondere wie sicher es sich der Bindung seiner Mutter war und sich in neue Spiele vertiefen konnte, wie es die Umgebung erforschte, aber auch wie es sich verhielt, wenn die Mutter beziehungsweise die fremde Frau ging oder zurückkam. Man unterschied daraufhin drei Gruppen von Kindern, je nach Art ihrer Bindung zu ihrer Mutter. Diesen Test führte man nun mit Katzen durch.

Die Katzen gingen durch folgende Drei-Minuten-Sequenzen:

1. Besitzer und Katze werden in das Labor geführt.
2. Besitzer und Katze sind allein im Raum. Der Besitzer tut nichts Besonderes, während die Katze den Raum erforscht.
3. Eine fremde Person betritt den Raum und nähert sich der Katze. Der Besitzer verlässt unauffällig den Raum.
4. Erste Trennungsepisode: Die fremde Person ist allein mit der Katze.
5. Erste Rückkehrepisode: Der Besitzer kehrt zurück und geht wieder.
6. Zweite Trennungsepisode: Die fremde Person geht und die Katze bleibt allein zurück.
7. Im Anschluss an die zweite Trennungsepisode: Die fremde Person kehrt zurück.
8. Zweite Rückkehrepisode: Der Besitzer kehrt zurück, begrüßt die Katze, nimmt sie auf den Arm, während die fremde Person unauffällig den Raum verlässt.

Die Forscher konnten hierbei verschiedene Verhaltensweisen der Katzen beobachten (Erkundung und Fortbewegung, Wachsamkeit und Inaktivität) und stellten große Unterschiede im Verhalten der Katzen fest, je nachdem ob der Besitzer oder die fremde Person anwesend war: Befanden sich die Katzen allein oder mit der fremden Person im Raum, dann waren sie

- viel mobiler und erforschten den Raum intensiver,
- wacher und aufmerksamer.

Auch waren die Katzen in Anwesenheit ihres Besitzers weniger aktiv, als wenn sie allein waren. Alles in allem schienen die Katzen ängstlicher zu sein, wenn sie allein oder mit der fremden Person im Raum waren, als wenn ihr Besitzer bei ihnen im Raum war.

Diese Ergebnisse entsprechen den Ergebnissen von Ainsworth mit Kindern und ihren Müttern. Ihre Katze ist sicherlich an Sie „gebunden" und ist beruhigt, wenn Sie da sind. Wahrscheinlich empfindet sie genau wie Kinder eine Art Trennungsangst, wenn wir sie allein oder in Gesellschaft mit einem Fremden lassen.

Fazit

Katzen hängen an ihrem Frauchen oder Herrchen, während wir glaubten, dass sie mehr an ihrem Heim hängen. Für die Forscher ist diese Erkenntnis wichtig, weil Katzen in der Regel einfacher zu halten sind (wenn wir etwa an das Gassigehen oder die Hygiene denken) und somit auch eher für Personen infrage kommen, die besonders viel Nähe und Unterstützung brauchen (ältere oder behinderte Menschen).

9 Gibt es „bissige" Hunde?
Was macht Hunde aggressiv gegenüber Menschen?

Hierzu können wir uns mehrere Fragen stellen: Wen beißen Hunde? Sind es eher Erwachsene oder Kinder? Warum beißen sie? Ist der Hund falsch oder schreckhaft oder hat ihn das Verhalten des Menschen dazu verleitet?

In Frankreich gibt es pro Jahr etwa 500 000 Hundebisse, in England 250 000. Amerikanische Forscher haben per Zufallsauswahl Leute aus 5238 Haushalten befragt, um die Anzahl der von Hunden gebissenen Menschen schätzen zu können und um zu ergründen, wer gebissen wird (Sacks, Kresnow & Houston, 1996). Anhand der erhaltenen Antworten konnten sie eine nationale Schätzung vornehmen. Sie ermittelten 18 Bisse auf 1000 Personen, von denen drei Bisse medizinisch versorgt werden mussten. Das ist eine recht hohe Anzahl. Kinder benötigen nach einem Hundebiss 3,2-mal häufiger medizinische Versorgung als Erwachsene. Kinder werden eindeutig häufiger gebissen und schwerer verletzt als Erwachsene (Weiss, Friedman & Coben, 1998).

Man kann sagen, dass 60 % der tödlichen Bisswunden auf Kinder unter zehn Jahre fallen. Das Durchschnittsalter von Kindern, die von einem Hund gebissen wurden, liegt bei acht Jahren (Avner & Baker, 1991), 20 % der Kinder sind noch nicht einmal vier Jahre alt (Chun, Berkelhamer & Herold, 1982).

In welches Körperteil werden Kinder gebissen? In einer kalifornischen Studie (Feldman, Trent & Jay, 2004) wurde festgestellt, dass 74 % der Kinder im Alter von null bis neun Jahren Verletzungen an den Händen und im Gesicht hatten, während dies bei über zehnjährigen Kindern nur bei 10 % der Fall war.

Wo werden die Kinder hauptsächlich gebissen? Kinder unter vier Jahren werden in 80 % der Fälle zuhause gebissen (Sacks, Sinclair, Gilchrist, Golab & Lockwood, 2000).

Warum werden Kinder gebissen? Man könnte sich vorstellen, dass die kleine Gestalt der Kinder Hunde weniger ängstigt als die der großen Erwachsenen (Sinclair & Zhou, 1995). Aber so ist es nicht. Eine Forschergruppe hat beobachtet, wie Kinder im Alter von zwei bis fünf Jahren und der Familienhund miteinander umgingen (Millot, Filiatre, Gagnon, Eckerlin & Montagner, 1988). Die Kinder kamen häufig mit dem Hund in Berührung, aber am häufigsten war zu beobachten, dass sie ihn an Schwanz, Fell oder Pfoten zogen. Daraufhin versuchte der Hund in einem Drittel der Fälle, das Kind zu beißen. Oder die Kinder warfen einen Gegenstand auf den Hund, schlugen ihn, setzten sich auf ihn oder schrien und weinten. Die Hunde attackierten Kinder unter fünf Jahren häufig dann, wenn sie deren Verhalten als Provokation empfanden, etwa wenn sich die Kinder einem Hund näherten, der gerade fraß, oder einer Hundemutter, die bei ihren Jungen lag, wenn sie den Hund necken oder gar ihn hochheben wollten. Die Forscher waren eher erstaunt, dass die Hunde angesichts solchen Verhaltens der kleinen Kinder nicht noch häufiger gebissen haben. Die Forschungsgruppe um Reisner (2007) untersuchte vier Jahre lang die Begleitumstände von insgesamt 111 Hundebissen. Auch wenn die Rasse der 103 Hunde keine neue Einsicht erbrachte, konnte die Studie doch aufdecken, dass bestimmte Verhaltensweisen das Beißen auslösten. Hauptsächlich wurden kleine Kinder, die noch keine fünf Jahre alt waren, gebissen, wenn der Hund beim Fressen war oder wenn die Kinder den Hund umarmen und liebkosen wollten. Bei älteren Kindern hing das Beißen, insbesondere das von fremden Hunden, mehr mit territorialen Konflikten zusammen, beispielsweise wenn sie in „seinen" Garten oder allgemein in seinen Lebensraum eindrangen.

Sind Hunde, die beißen, gestört? Nein. Vielfach beißen ganz „normale" Hunde, und das lediglich, weil sie auf ein sie ängstigendes Verhalten reagieren. In diesen Fällen wäre der Versuch, das Verhalten des Hundes – statt das des Kindes – zu verändern, zum Scheitern verurteilt. Man beachte: Ein Drittel der Hundebisse stammt vom Hund der Familie, ein Drittel vom Hund des Nachbarn und schließlich nur ein Drittel von fremden Hunden …

Natürlich gibt es auch „bösartige" Hunde, aber die meisten Kinder wurden von Hunden gebissen, die zuvor noch nie gebissen hatten, selbst wenn es eher ängstliche Hunde waren. Seinen Hund kastrieren oder ihm Erziehungskurse angedeihen zu lassen, hat offenbar nicht den erwarteten Erfolg, denn der Studie von Reisner, Shofer und Nance zufolge waren 90 % der Hunde kastriert und 70 % erzogen worden.

Vorbeugen können wir eher, wenn wir Kindern Vorsichtsmaßnahmen beibringen, als wenn wir versuchen, die Hunde „abzurichten".

Zu dieser Schlussfolgerung kamen Chapman und Kollegen (2000), die mit 346 Schülern im Alter von sieben bis acht Jahren gearbeitet hatten. Die eine Hälfte der Kinder hatte an einem kleinen, 30-minütigen „Sensibilisierungsprogramm" teilgenommen. Dabei wurde ihnen vermittelt, wie sie sich Hunden gegenüber verhalten können, ohne sich selbst zu gefährden (vor allem wenn die Hunde fressen, wenn sie schlafen etc.). Die andere Hälfte der Kinder hatte diese Schulung nicht erhalten.

Zehn Tage später kam ein Forscher, als Händler verkleidet, während der Pause auf den Schulhof. Der Händler war in Begleitung eines (folgsamen) Labradors, den er im Pausenhof anleinte, während die Kinder draußen ohne Aufsicht spielten. Dies wurde zehn Minuten lang mit versteckter Kamera gefilmt.

Man konnte beobachten, dass die geschulten Kinder sich wesentlich sicherheitsbewusster verhielten als die anderen. Sie waren bedachtsam, beobachteten den Hund aus sicherer Entfernung, während 80 % der anderen Kinder den Hund, ohne zu zögern, tätschelten, ja sogar versuchten, ihn zu reizen. Von den geschulten Kindern mit der Hunde-Schulung taten dies nur 9 %. Und wenn sie den Hund streichelten, dann erst, nachdem sie den Hund eine Weile beobachtet hatten …

Fazit

Wir sehen, dass es – wie bei den meisten Dingen in unserem Leben – keine hundertprozentige Sicherheit gibt und dass wir von einem Hund nicht sagen können, dass er niemals beißt. Nichtsdestotrotz sehen wir auch, dass wir mit unserem Verhalten das des Hundes beeinflussen. Noch einmal: Kindern beizubringen, wie sie mit Hunden umgehen sollen, ist die beste Vorbeugung.

10 Sie ist mir ins Auge gestochen
Pupillengröße von Katzen und wie wir darauf reagieren

Wie man herausfand, finden Männer, denen man entsprechende Fotos zeigte, Frauen mit vergrößerten Pupillen (ein bisschen wie die Augen von Babys) attraktiver als Frauen mit kleineren Pupillen (Hess, 1975; Tombs & Silverman,

2004). Wissenschaftler haben sich nun gefragt, ob wir bei unseren Haustieren genauso reagieren, insbesondere bei Katzen, für die der schmale, senkrechte Schlitz bei verengter Pupille so charakteristisch ist.

Millot, Brand und Schmitt (1996) haben Leuten Fotos vom Gesicht ein und derselben Katze gezeigt. Das eine Bild war retouchiert und die Pupillen der Katze stark vergrößert, sodass ihre Augen wie zwei große schwarze Marmeln aussahen, auf dem anderen Bild waren die Pupillen verengt und bildeten zwei senkrechte Ovale. Die beiden Bilder wurden gleichzeitig gezeigt, mal lag das eine links, das andere rechts, mal umgekehrt. Die Bilder wurden Kindern im Vorschul- und im Grundschulalter und Erwachsenen gezeigt; sie sollten sich die Bilder ansehen und sagen, welches von beiden ihnen besser gefiele. Anschließend sollten sie ihre Wahl begründen. Bei der Auswahl der Bilder ergaben sich die in der Abbildung gezeigten Ergebnisse:

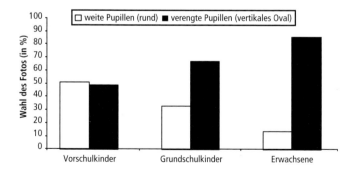

Während die jüngeren Kinder (im Vorschulalter) noch kaum Unterschiede machten, fanden die älteren Kinder ab etwa neun Jahren meist die verengte und senkrechte Pupille schöner. Und diese Tendenz verstärkt sich mit zunehmendem

Alter. Die Erwachsenen bevorzugen eindeutig die verengte senkrechte Pupille. Erstaunlicherweise sind sich die Leute dessen aber nicht bewusst, denn niemand hat seine Auswahl mit der Pupillengröße begründet. Lediglich 18 % der Befragten nannten den Blick der Katze als Kriterium, aber in einem sehr vagen Sinne und nie in Verbindung mit der Pupillengröße (der Blick ist brillanter, intelligenter, markanter …).

Fazit

Wir bevorzugen also Katzen mit verengten senkrechten Pupillen. Da kleine Kinder diese Bevorzugung nicht teilen, vermuten die Wissenschaftler hier den Einfluss der Medien, die Katzen vornehmlich mit senkrecht verengten Pupillen zeigen und uns so ein Modell oder zumindest eine ästhetische Norm für die Pupillengröße von Katzen aufdrängen. Die Gewöhnung an diese Darstellung führe allmählich auch zu einer Bevorzugung verengter Pupillen. Den Wissenschaftlern zufolge handelt man insofern strategisch, wenn man in der Werbung für Katzennahrung oder beim Verkauf von Katzen die Tiere systematisch mit diesen typischen verengten Pupillen zeigt, um so ihre Attraktivität zu erhöhen.

11 „Für wen ist denn das feine Fresschen? Für mein Hundilein"
Babysprache im Umgang mit unserem Hund

Wir haben in Abschnitt 4 gesehen, dass wir mit unserer Katze umso mehr wie mit Erwachsenen reden, je intelligenter wir sie einschätzen …

Aber wie spricht man mit einem Hund? Denken wir an das Lied von Richard Gotainer: „Na, wo ist er denn, der Juki? Und sein Herrchen, wo ist das? Wo ist das Herrchen vom Wauwau? …" Übertreibt Richard Gotainer? Wie reden die Leute mit ihren Hunden? Und was sagen Sie selbst zu Ihrem Wauwau?

Dankenswerterweise hat der Wissenschaftler Mitchell (2001) die verbale Kommunikation zwischen Mensch und Hund untersucht. Er stellte fest, dass sie große Ähnlichkeit mit der Art hat, wie wir mit Babys sprechen (Ciccotti, 2006).

Übereinstimmend ist, dass wir sowohl bei Babys als auch bei Hunden die Stimme heben, einfache Worte nutzen und sie mehrfach wiederholen.

Und die Unterschiede? An Hunde gerichtet, bilden wir kürzere Sätze und vor allem geben wir mehr Anordnungen, während wir Babys eher Fragen stellen. Was meinen Sie, an wen sich die folgenden Sätze richten:

- „Aber was war denn das? Meine Kleine hat großes Bäuerchen gemacht!"
- „Schnell, lauf in dein Körbchen … Komm her … mach Platz neben deinem Herrchen!"

Aber die entscheidende Frage ist: Behandeln wir unser Baby wie unseren Hund, oder lieben wir unseren Hund wie unser Baby? Es ist sehr wahrscheinlich, dass eher Letzteres zutrifft!

Also, warum machen wir das? Nun, der Erwachsene drückt sich so aus, weil er davon ausgeht, dass der Empfänger der Nachricht (Hund oder Baby) zwar versteht, aber seine Auffassungsgabe begrenzt und seine Intelligenz gering ist. Darum müssen wir die Wörter und Sätze zerlegen mit einer übertriebenen Betonung und einem singenden Tonfall.

Fazit

Wie man sieht, übernehmen wir Interaktionsformen aus unseren Erwachsenen-Kind-Beziehungen im Umgang mit unserem Hund. Das Gefühl, das der Hund zwar nicht verbal äußert, wie auch die Gefühle, die wir ihm entgegenbringen, dürften die Ursache dafür sein, dass wir uns spontan dazu verleiten lassen. Außerdem scheint es den Hund glücklich zu machen. Wir wären nicht bereit, das aufzugeben.

12 Gleich und Gleich gesellt sich gern
Ähneln Hunde ihren Herrchen?

Wissen Sie, dass sich bei alten Ehepaaren Mann und Frau immer mehr ähneln? Diese erstaunlichen Ergebnisse erbrachte eine Studie aus dem Jahre 1987 (Zajonc, Adelmann, Murphy & Niedenthal, 1987). Die Personen, denen man Fotografien von Ehepaaren vorgelegt hatte, fanden, dass sich die Physiognomie von alten Ehepaaren (länger als 25 Jahre verheiratet) mehr ähnelte als die von Menschen, die sich gerade erst begegnet waren. Der Gesichtsausdruck von Eheleuten scheint mit der Zeit immer mehr übereinzustimmen. Wer sich zueinander gesellt, gleicht sich irgendwann!

Glauben Sie, dass man dies auch bei Hund und Herrchen finden kann? Ein unbedarfter Beobachter dürfte hiervon überzeugt sein. Wohl jeder hat schon mal den Satz gehört: „Hast Du den Mann da gesehen? Der sieht ja aus wie sein Hund!" Ist das wahr? Und wenn ja, warum? Suchen Menschen sich die Hunde aus, die ihnen ähnlich sind, oder nimmt der Gesichtsausdruck des Besitzers immer mehr die Züge seines Hundes an (oder vice versa)?

In Abschnitt 47 werden wir sehen, dass wir uns durch bestimmte Stereotype in dem Glauben „wie der Hund, so der Herr" bestätigt sehen. In diesen Untersuchungen kannten die Teilnehmer jedoch nur die Rasse des Hundes. Denn wenn eine Situation wenige Informationen zur Beurteilung hergibt, kommen gern Stereotype zum Tragen. Man kann sich dennoch fragen, ob an solchen Stereotypen nicht etwas Wahres dran ist, etwa dass bestimmte Personen mit bestimmten Eigenschaften bestimmte Hunde mit bestimmten Eigenschaften besitzen.

Um dies herauszufinden, baten wir Studenten, Fotos von Hunden und dem Gesicht ihres Besitzers zu sammeln (Guéguen, in Vorbereitung). Anschließend befragten wir Hunderte von Studenten; sie erhielten je 20 Hunde- und 20 Besitzerfotos und sollten die zusammengehörenden Paare wiederherstellen. Die Studenten machten diese Aufgabe einige Male immer zu Beginn der Vorlesung über einige Monate hinweg. So konnten wir anhand einer großen Anzahl von Möglichkeiten überprüfen, ob es möglicherweise einen Zusammenhang zwischen Hunderasse und Besitzer gibt.

Die Ergebnisse zeigen, dass einige Fotos richtig zugeordnet wurden, basierend auf Assoziationen zwischen Hunde- und Besitzerkategorien. So haben Frauen eher kleine Hunde, und die Studenten ordneten tatsächlich die kleineren Hunde den Frauen zu, insbesondere den älteren Frauen. Große Hunde, vor allem Jagd- und Wachhunde, wurden eher Männern in reiferem Alter zugeordnet, die in unserer Stichprobe auch tatsächlich häufiger diesen Hundetyp besaßen. Mittelgroße Hunde wurden vorwiegend jungen Männern und jungen Frauen zugeschrieben, was auch tatsächlich der Fall ist.

Die Ergebnisse dieser Studie zeigen, dass Menschen offenbar in der Lage sind, solche Hundekategorien korrekt den demografischen Besitzerkategorien (vor allem Alter und Geschlecht) zuzuordnen.

In dieser Untersuchung analysierten wir mehrere Tausend Paare von Hund und Besitzer, was das korrekte Zusammenfügen sehr erschwerte. Außerdem waren die Hunde nicht nur reinrassige Hunde, sondern auch Mischlingshunde.

Roy und Christenfeld (2004) führten eine gründlichere Studie durch, um die physische Ähnlichkeit zu messen. Diese Forscher nahmen in Parks Kontakt mit Hundebesitzern auf und fragten sie, ob sie bereit seien, sie bei einem Experiment zu unterstützen. Die Teilnehmer (die dazu bereit waren) wurden fotografiert: ihr Gesicht und von der Taille an abwärts. Das Gleiche geschah mit ihren Hunden. Insgesamt wurden 24 Frauen und 21 Männer (im Durchschnitt 36 Jahre alt) fotografiert. Sie wurden befragt, seit wann sie ihren Hund besitzen. Bei den Hunden waren es 25 reinrassige Hunde (darunter 15 verschiedene Rassen) und 20 Mischlingshunde. Die Psychologen zeigten nun 28 Studenten, jeweils einzeln, die Fotos der 45 Hunde und 45 Besitzer und baten sie, den Besitzern den jeweils passenden Hund zuzuordnen. Der Hintergrund auf den Fotos war immer so verändert, dass man nicht einfach aufgrund kleiner Details in der Umgebung von Hund und Besitzer kombinieren konnte. Die Wissenschaftler hatten festgelegt, dass ein Hund dann als „seinem Besitzer ähnlich" gelten soll, wenn ihn mehr als die Hälfte (also mehr als 14) der Studenten dem richtigen Besitzer zugeordnet hatten.

Die Ergebnisse zeigen, dass die Studenten recht oft in der Lage waren, den zum Besitzer passenden Hund zu finden. Allerdings traf dies nur auf reinrassige Hunde zu. Die Studenten ordneten 16 Besitzer der 25 reinrassigen Hunde passend zu (also 64 %). Bei den Mischlingshunden kam dies nur in 35 % der Fälle vor; dies könnte auch ein Zufallsergebnis sein und war nicht signifikant.

Wie kann man solche Resultate erklären? Die Wissenschaftler halten zwei Erklärungen für denkbar: Die Leute suchen sich solche Hunde aus, die ihnen ähnlich sind. Oder die Eigenschaften von Menschen und ihren Hunden gleichen sich mit der Zeit an. Die Ergebnisse deuten eher auf die Auswahl als auf die der Annäherung hin, denn in der Untersuchung spielte die Dauer des Zusammenlebens keine Rolle für die korrekte Zuordnung.

Um etwas mehr über die zugrunde liegenden Mechanismen zu erfahren, baten die Psychologen die Studenten jeweils am Ende des Experiments, unabhängig voneinander mehrere Eigenschaften der Hunde und ihrer Besitzer zu bewerten, etwa Behaarung, Größe, Attraktivität, wahrgenommene Geselligkeit und Energie.

Für keine der genannten Eigenschaften fanden die Wissenschaftler eine Entsprechung, lediglich in Bezug auf Geselligkeit wurden reinrassige Hunde und ihre Besitzer ansatzweise ähnlich bewertet. Die Ergebnisse sagen nichts darüber aus, auf welcher Ebene Ähnlichkeit zwischen Hund und Besitzer besteht. Sie könnte beispielsweise auf der Ebene anderer physischer Eigenschaften wie der Eleganz liegen. Jedenfalls haben die Studenten einem Besitzer nicht nur, weil er groß und behaart ist, einen Bernhardiner zugeordnet. Vermutlich benutzten sie für ihre Einschätzungen wesentlich subtilere Kriterien, als die Wissenschaftler sie vorgegeben hatten. Bleibt zu wissen, welche …

Diese Ergebnisse wurden kürzlich durch eine Untersuchung bestätigt, in der die Fotos von Hunden und Besitzern etwas nachgearbeitet waren, sodass nur deren Gesichter auf weißem Grund zu sehen waren, nicht jedoch Kleidung oder Schmuck (Payne & Jaffe, 2007). Auch hier konnten die Teilnehmer der Studie Hunde und ihre Besitzer überzufällig häufig richtig zuordnen.

Fazit

Offensichtlich können wir aufgrund bestimmter Eigenschaften von Hund und Besitzer diese als Paar identifizieren, und zwar mit einer Wahrscheinlichkeit, die größer ist als reine Zufälligkeit. Die Wissenschaftler glauben, dass das, was für die Suche von Lebenspartnern maßgeblich ist, auch hier gilt. Die Forschung zeigt tatsächlich, dass uns bei dieser Suche ein leicht narzisstischer Aspekt lenkt, denn das, was uns vertraut ist, gefällt uns besser. Es scheint, dass uns dieser Aspekt auch leitet, wenn wir uns einen Hund aussuchen. Das würde übrigens auch erklären, warum die reinrassigen Hunde ihren Besitzern viel besser zugeordnet werden konnten: Diese Hunde haben klar unterscheidbare Eigenschaften, was bei Mischlingshunden nicht der Fall ist. Es scheint so, dass Leute, die diese oder jene physische Eigenschaft an Menschen schätzen, sich eher den Hund aussuchen, der diese Eigenschaften auch besitzt, etwa eine lange schmale Nase beim Mann und eine lange schmale Schnauze beim Hund.

13 Mist, verflixte Kacke!
Eigenschaften von Leuten, die die Exkremente ihrer Hunde einsammeln

Kennen Sie die Theorie „Das bisschen (das, wofür ich verantwortlich bin) wird schon keinen großen Schaden anrichten"? Nein? Stellen Sie sich jemanden vor, der auf den Straßen von Paris sein frisiertes, 2,5 kg schweres Schoßhündchen spazieren führt. Der kleine Hund bleibt stehen und macht ein Häufchen auf den Fußweg, dann gehen die beiden weiter. Sie sprechen die Person an: „Das ist doch eine Sauerei – der Hundehaufen auf dem Fußweg …" Es ist so gut wie sicher, dass Ihnen die Person antworten wird: „Was? Von so einem kleinen Haufen wird die Welt schon nicht untergehen!" Ja, natürlich, die Person hat Recht, aber sie sollte auch bedenken, dass durch Hundehaufen auf Pariser Fußwegen pro Jahr 25 000 Tonnen Exkremente zu bewältigen sind!

Die Hundehaufen sind nicht nur ein wirtschaftliches Problem, sondern auch ein Risiko für die öffentliche Gesundheit. In der Tat zieht diese Art von Umweltverschmutzung die Ausbreitung von Parasiten (Toxokariasis) nach sich, hervorgerufen durch einen Wurm, den Hundespulwurm *Toxocara canis*. Dadurch kann es zu Augenerkrankungen kommen, die möglicherweise bis zur Erblindung führen.

Auch Schwindel, Übelkeit, Asthmaanfälle und Epilepsie wurden festgestellt (Kerr-Muir, 1994). Vor allem Kinder sind betroffen (O'Lorcain, 1994). Stellen Sie sich ein zweijähriges Mädchen vor, das mit seiner Mutter nach Hause kommt und mit seinen kleinen Schuhen spielt, mit denen es zuvor auf dem Fußweg gelaufen ist, der mit Wurmeiern aus Hundekot infiziert war. Deshalb werden in manchen Gemeinden die Fußwege von städtischen Reinigungswagen mit viel Wasser gereinigt.

Natürlich gibt es Gesetze. Im Vereinigten Königreich wird für Hundekot auf dem Fußweg ein Bußgeld von 50 bis zu 1000 Pfund erhoben, in Paris 180 Euro. Im Übrigen gibt es zahlreiche Kampagnen, die Hundebesitzern ihre Verpflichtung deutlich machen, dass ihre Hunde ihr Geschäft im Rinnstein zu verrichten haben. Manche Städte stellen auch Beutel zur Verfügung und hoffen, dass die Besitzer die Exkremente ihres Hundes einsammeln. Dennoch haben nicht alle Hundebesitzer einen solchen Bürgersinn.

Die Psychologin Wells (2006) wollte das demografische Profil von Hundebesitzern ermitteln, deren Hunde die Fußwege verunreinigen. Dafür beobachtete sie das Verhalten von 400 Spaziergängern mit Hund in acht öffentlichen Parks in Nordirland. Die Wissenschaftlerin erhob Informationen über die Spaziergänger, ihr Geschlecht, Alter, den sozioökonomischen Status, ob sie eine Leine benutzten oder nicht, und schließlich die Reaktionen der Hunde.

Die Beobachtungen ergaben nun, dass die Mehrheit (55 %) der Hundebesitzer die Exkremente ihrer Hunde entfernte. Man kann auch sagen, dass eine von zwei Personen den Haufen ihres Hundes eingesammelt hat. Die Studie zeigte außerdem, welche Personengruppen zu den Hundehaltern mit dem größten Bürgersinn gehörten, also denjenigen, die die Haufen ihrer Hunde einsammelten:

- Leute, die zu einer höheren sozialen Schicht gehören,
- Frauen (wesentlich seltener die Männer),
- Leute, die den Hund an der Leine hatten.

In der Tabelle ist dargestellt, wie das Einsammeln der Haufen verteilt ist:

Einsammeln je nach	Frauen	Männer
Geschlecht	60 %	30 %
Einkommen	hohes Einkommen 70 %	niedriges Einkommen 20 %
Benutzung einer Hundeleine	an der Leine 70 %	frei laufend 30 %

Es wurden also erhebliche Unterschiede festgestellt. Was den soziokulturellen Einfluss (Beruf, Einkommen) anbelangt, machen sich offenbar die Leute mit den niedrigsten Einkommen am wenigsten Gedanken um Umwelt und Ökologie, was durch eine ganze Reihe anderer Studien bestätigt wird (Franzen & Meyer, 2004; Yilmaz, Boone & Anderson, 2004). Es besteht somit ein Zusammenhang zwischen Jahreseinkommen und Umweltbewusstsein.

Die Studie macht außerdem deutlich, dass das Alter keinen Einfluss auf die Sauberkeit hat; auch junge Leute führen ihren Hund an der Leine und sammeln ihre Exkremente ein.

Leute, die ihren Hund an der Leine führen, beseitigen die Hinterlassenschaften ihrer Hunde eher als die, die ihn frei laufen lassen – Wells zufolge möglicherweise aus zwei Gründen: Zum einen haben Leute ihren Hund, wenn er angeleint ist, besser im Blick, sie sehen, wenn er sein Geschäft macht. Zum anderen sind Leute, die ihren Hund frei laufen lassen, vielleicht weniger verantwortungsvoll als die, die ihr Haustier unter einer eher strengen Beaufsichtigung halten.

In Bezug auf das Geschlecht zeigt sich, dass Frauen viel häufiger als Männer die Haufen ihrer Hunde einsammeln, was einmal mehr einen allgemeinen Geschlechtsunterschied verdeutlicht. Männer werfen ihre Abfälle viel öfter nach draußen (Durdan, Reeder & Hecht, 1985) und sorgen sich weniger um ihre Umwelt als das „Frauenvolk" (Mohai, 1992).

Fazit

Wir sehen also, dass Städter auf die Sauberkeit ihrer Hunde recht unterschiedlich reagieren, je nach Geschlecht, Bildung und Einkommen und ob sie ihren Hund an der Leine halten. Zukünftige Kampagnen „Gegen Hundekot auf unseren Straßen" sollten diese Erkenntnisse berücksichtigen und sich verstärkt an Männer und Leute der einfacheren sozialen Schichten richten. Nützlich wäre es sicher auch, darauf zu bestehen, dass Hunde an der Leine geführt werden. Denn dadurch gäbe es sicherlich weniger Hundehaufen auf öffentlichen Wegen und in Parks, unsere städtische Umwelt würde sauberer und gesünder.

14 Nettes Hundchen

Warum sehen Hunde sympathisch aus?

Wir haben Angst vor dem Wolf. Das ist normal. Schauen Sie sich nur seinen eindrucksvollen Kopf an, seine großen

Augen, seine gespitzten Ohren … Wir wissen, dass der Hund vom Wolf abstammt, trotzdem haben wir mehr Angst vor dem Wolf als vor dem Hund. Warum? Es stimmt, wir erzählen unseren Kindern keine Geschichten vom „großen bösen Hund".

Das liegt daran, dass Hunde im Allgemeinen weniger furchterregend aussehen als Wölfe. Und wissen Sie, warum? Weil Hunde keine Jäger, sondern Sammler, „Müllmänner" sind.

Erklärung: Man vermutet, dass vor sehr langer Zeit – mittlere Steinzeit, als die Menschen sesshaft wurden – Hunde lebten, die aus einer Kreuzung von Schakalen, Kojoten und Wölfen hervorgegangen sind, in gewisser Weise die „Protohunde". Diese Tiere haben sich den Siedlungen der Menschen genähert, weil sie sich aus deren „Mülleimern" müheloser ernähren konnten. In der Tat, da sie die Abfälle der Menschen fraßen, brauchten sie nicht mehr zu jagen. Sie wurden also Sammler oder anders formuliert: Dorfhunde. Aber Vorsicht! Es können nur die wenig Furchtsamen gewesen sein, denn eigentlich nähern sich Wölfe nicht den Menschen, sie haben Angst vor ihnen. Außerdem konnten diese Tiere unter dem Blick der Menschen fressen, was wilde Tiere nicht tun. Es waren also weniger aggressive Tiere, die schnell begriffen hatten, dass die Abfälle der Menschen zu ihrer einzigen Nahrungsquelle werden würden …

Schließlich dürften die Hunde, die sich dem Menschen genähert haben, um sich von seinen Abfällen zu ernähren, einen weniger hohen Adrenalinspiegel gehabt haben als die wilden Tiere.

Aber es gibt weitere Unterschiede: Im Vergleich zum Wolf haben Hunde viel kleinere Zähne, kleinere Kiefer und ein kleineres Gehirn. Sie haben sich angepasst, um sich von Hausabfällen ernähren zu können. Diese Tiere haben sich untereinander fortgepflanzt und sind nach und nach immer mehr zu Hunden geworden mit einem im Vergleich zum Wolf sehr niedrigen Adrenalinspiegel. Tatsächlich konnte nachgewiesen werden, dass Wölfe dieses Hormon in einer wesentlich höheren Konzentration im Blut haben als Haushunde. Mehr und mehr haben die Menschen sich an die Nähe dieser eher folgsamen Tiere gewöhnt, die irgendwann auch in ihr Haus kamen und es sich schließlich in ihren Betten bequem machten.

Aber damit nicht genug: Ein niedriger Adrenalinspiegel führt zu einem niedrigen Melaninspiegel. Und was sind – abgesehen von weniger Aggressivität – Ihrer Meinung nach wohl weitere Auswirkungen dieser niedrigen Hormonspiegel? Antwort: unterschiedliche Fellfarben, kleinere Zähne, keine jahreszeitbedingte, sondern eine kontinuierliche Sexualität, eine andere Art zu jaulen (Wölfe bellen nicht) und schließlich – Schlappohren. Nun verstehen Sie, warum Hunde sich vom Wolf unterscheiden und vor allem warum Hunde einen netten Kopf haben … Weil ihre Vorfahren eher Sammler als Jäger waren.

Aber erst im 19. Jahrhundert haben die Menschen begonnen, bei der Tierzucht eine Auslese vorzunehmen; sie haben mit den besonders kooperativen und anhänglichen Tieren gezüchtet, und heute gibt es 400 verschiedene Hunderassen.

Wir verdanken dieses Wissen den Arbeiten des Biologen Ray Coppinger, Professor am Hampshire College, und seiner Kollegin Lorna Coppinger, die ihr ganzes Leben damit zugebracht haben, Hunde in der ganzen Welt zu studieren.

Fazit

Nun verstehen Sie, warum Sie ein Wolf (der sich vor Ihnen fürchtet) mehr ängstigt als ein Hund, den Sie nicht kennen. Der Kopf eines Sammlers ist offenbar angenehmer als der Kopf eines Jägers. Durch Zufälle der Evolution kam es zu ersten Kontakten, der Anpassungsdruck in der Nähe des Menschen tat das Seine, und schließlich hat der Mensch mit seiner Rationalisierung von Persönlichkeit und Einsatzfähigkeit der verschiedenen Hunderassen den Rest gemacht. Natur und Kultur haben den guten alten Hundekopf geformt.

15 Würden Sie Hundefleisch essen?
Rangplatz auf der Liste der „unerwünschten Verhaltensweisen"

Viele Leute bekräftigen, dass sie niemals Hundefleisch essen könnten, allein die Vorstellung würde Abscheu in ihnen hervorrufen. Aber paradoxerweise werden scheinbar harmlosere Verhaltensweisen manchmal als noch schockierender empfunden.

Haidt, Koller und Dias (1993) stellten annähernd 400 Leuten, Kindern und Erwachsenen, eine Reihe von Fragen. Machen Sie es wie die Befragten dieses Experiments! Lesen Sie die folgenden sechs kleinen Texte und sagen Sie, was Sie am meisten schockiert und welches Verhalten am meisten bestraft werden sollte.

- Fahne: Eine Frau putzt von oben bis unten ihre Schränke. Dabei findet sie im hintersten Winkel eines Möbels eine französische Fahne. Sie schneidet sie in Stücke und benutzt die Stofffetzen zum Badezimmerputzen.

- Versprechen: Eine Frau liegt im Sterben. Auf dem Sterbebett nimmt sie ihrem Sohn das Versprechen ab, ihr Grab jede Woche zu besuchen. Der Sohn liebte seine Mutter sehr; er versprach ihr, ihr Grab jede Woche zu besuchen. Aber nach dem Tod der Mutter hat er sein Versprechen nicht gehalten; er ging niemals zum Grab, weil er sehr viel zu tun hatte.
- Hund: Der Hund einer Familie wurde vor dem Haus vom Auto überfahren. Sie holten den toten Hund herein und sagten sich, dass Hundefleisch sehr lecker schmecken müsste. Sie zerlegten also den Körper des Hundes in Stücke, kochten und aßen das Fleisch zu Abend.
- Kuss: Ein Bruder und seine Schwester küssen sich gern auf den Mund. Sie verstecken sich oft und küssen sich, wenn sie unbeobachtet sind, leidenschaftlich.
- Huhn: Ein Mann geht einmal wöchentlich in den Supermarkt und kauft ein totes Huhn. Aber bevor er es kocht, verkehrt er sexuell mit dem Huhn. Anschließend bereitet er es zum Essen zu und isst es (diese Geschichte wurde nur an Erwachsene gegeben).
- Uniform: Obwohl die Schule es fordert, weigert ein Schüler sich, wie die anderen Schüler eine Schuluniform zu tragen. Er trägt immer nur seine eigene Kleidung.

Nun, was erfüllt Sie mit dem größtem Abscheu? Welches Verhalten sollte Ihrer Ansicht nach als Erstes bestraft und gestoppt werden? Die Antworten der 400 befragten Leute sehen Sie in der Tabelle.

	Anzahl Erwachsene (in %), die meinen, dass das Verhalten gestoppt und bestraft werden soll	Anzahl Kinder (in %), die meinen, dass das Verhalten gestoppt und bestraft werden soll
Fahne	34 %	56 %
Versprechen	20 %	62 %
Hund	45 %	67 %
Kuss	64 %	72 %
Huhn	64 %	–
Uniform	60 %	75 %

Haben Sie gesehen, dass die Leute in dieser Studie es viel schlimmer finden, keine Schuluniform zu tragen als seinen Hund zu essen?

Fazit

Die am meisten verabscheuten Dinge sind nicht zwangsläufig die, an die man spontan denkt, und wie wir sehen, wird die Übertretung unseres Moralkodex als ein viel schlimmeres Vergehen wahrgenommen.

16 Guter Hund und schlechter Herr

Sagt die Wahl des Hundes etwas über das (abweichende) Verhalten seines Herrchens aus?

Den Spezialisten für Hundeerziehung zufolge gibt es keine schlechten Hunde, sondern allenfalls schlechte Herrchen. Damit haben sie bestimmt nicht Unrecht. Eine schlechte Erziehung schafft einen schlechten Hund. Aber auch unabhängig von der Erziehung könnte man sich vorstellen, dass manche Leute ein stärker ausgeprägtes Interesse an Hunden haben, die allgemein als gefährliche Hunde gelten. Manch ein Ganove könnte sich gerade für solche Hunde interessieren.

> Barnes und seine Kollegen (2006) unterschieden Hundebesitzer nach mutmaßlicher Gefährlichkeit ihrer Hunde; Hunde, von denen wenig Risiko ausgeht (englische Setter, Bernhardiner, Spaniel …), und Hunde, die als gefährlich gelten (Rottweiler, Pitbull …). Die Forscher konnten anschließend mithilfe des Stadtarchivs ausfindig machen, ob diese Hundehalter Straftaten begangen haben oder kriminell gewesen sind, und, wenn dies der Fall war, nahmen die Forscher die Art des Vergehens auf. Ihre Ergebnisse sind in der Abbildung auf S. 62 dargestellt.
>
> Bei allen registrierten Deliktarten stellen wir einen Unterschied zwischen den beiden Gruppen von Hundehaltern fest. Scheinbar interessiert sich eine bestimmte Kategorie von Personen für eine bestimmte Kategorie von Hunden.

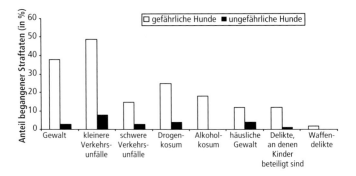

Man könnte nun denken, dass Straftaten am häufigsten von Leuten begangen werden, die gefährliche Hunde haben, denn diese könnten sie selbst schützen oder ihnen helfen, anderen Leuten Angst zu machen. Tatsächlich scheint es so, dass es auch bei ganz unproblematischen Leuten einen Zusammenhang gibt zwischen der Persönlichkeit der Leute und der Wahl ihres Hundes.

Rogatz, Fremouw und Thomas (2009) baten Studenten, mit oder ohne eigenen Hund, einen Persönlichkeitsfragebogen auszufüllen, mit dem ihr Niveau an Feindseligkeit, Umgänglichkeit, Angst, Impulsivität, ständige Suche nach Neuem (*sensation seeking*) etc. ermittelt werden sollte. Gleichzeitig ließ man sie eine Liste von Straftaten lesen, die andere Personen begangen hatten (jemandem Geld stehlen, Ladendiebstahl, Teilnahme an einer großen Prügelei …), und fragte sie, ob sie diese Straftaten selbst schon einmal begangen haben. Die Hundebesitzer unter ihnen unterschied man, je nachdem ob sie einen in den USA als gefährlich eingestuften Hund (Chow-Chow, Dobermann, Pitbull, Rottweiler, Wolfshund, Akita), einen großen, aber als ungefährlich geltenden Hund (Bernhardiner, Neufundländer, Labrador …) oder einen kleinen Hund besaßen.

Es zeigte sich, dass die Besitzer von gefährlichen Hunden mehr strafbare Handlungen gestanden als die anderen Personengruppen. Zwischen den Besitzern großer und kleiner ungefährlicher Hunde und den Nichthundebesitzern gab es keine Unterschiede. In den Persönlichkeitsfragebogen ermittelte man für die Besitzer von gefährlichen Hunden mehr Impulsivität, eine stärker ausgeprägte Suche nach neuen Reizen und mehr Feindseligkeit als für die anderen drei Personengruppen. Auch ließ sich bei ihnen weniger Umgänglichkeit als bei den anderen drei Gruppen feststellen. Man stellte aber auch fest, dass sich die Besitzer von großen und kleinen, ungefährlichen Hunden durch ein höheres Maß an Umgänglichkeit und Gemeinschaftsfähigkeit auszeichneten als die Studenten ohne Hund.

Fazit

Es scheint also eine Wechselbeziehung zwischen bestimmtem normabweichenden Verhalten der Hundebesitzer und ihrer Hunderasse zu geben. Tatsächlich könnte die allgemeine Vorstellung über die Gefährlichkeit bestimmter Hunde, wie dies manche Hundeerzieher unterstreichen, von deren Besitzern herrühren. Ein Hundehalter, der zu strafbaren Handlungen fähig ist, wird kaum zu einer Hundeerziehung, wie wir sie erwarten, fähig sein, und so wird das Verhalten seines Hundes mehr Probleme bereiten. Weil es sich immer wieder um dieselben Hunderassen handelt, glaubt man, die Probleme rührten vom Hund her. So haben Leute mit einem schlechten Ruf den schlechten Ruf an bestimmte Hunde weitergegeben.

17 Pure Gemeinheit!
Wer tut unseren Haustieren weh?

Grausamkeit gegenüber einem Tier – das bedeutet, Spaß daran zu haben, ein Tier leiden zu lassen, sei es direkt etwa durch Schläge, um dem Tier wehzutun, oder indirekt, indem man es verwahrlosen lässt und sich nicht um das Tier kümmert. Grausamkeit bedeutet auf jeden Fall auch das Fehlen emotionaler Zuwendung, wenn man sieht, dass ein Tier leidet oder ihm Leid zugefügt wird. Psychologen, Sozialarbeiter und Mitarbeiter der Justiz schauen bei Fällen von Gewalt gegen Tiere sehr genau hin, denn meist geht damit auch sehr aggressives Verhalten gegenüber Menschen einher. Im Übrigen ist Tierquälerei, insbesondere wenn sie von Kindern verübt wird, ein Indiz für Verhaltensstörungen, und es besteht das Risiko, dass diese Kinder im Erwachsenenalter auch Menschen gegenüber gewalttätig werden.

Böse Buben?

Wir haben alle schon beobachtet, dass kleine Jungs sich mitunter ganz gern prügeln und mehr dazu neigen, männliche, das heißt eher gewalttätige Spiele zu spielen als kleine Mädchen. Es scheint, dass dieser Unterschied zwischen Jungs und Mädchen auch auf ihr Verhalten gegenüber Tieren übertragbar ist.

Baldry (2003) führte eine Untersuchung mit 1396 jungen Italienern im Alter von neun bis 17 Jahren durch, von denen 82 % angaben, ein Haustier zu haben. Es wurde erfragt, ob die Kinder selbst schon einmal gewalttätig dem Tier gegenüber waren und ob sie Familienmitglieder dabei beobachtet haben. Die Ergebnisse zeigen, dass die Jungs viel öfter frank und frei zugaben, Gewalttaten an ihren Haustieren begangen zu haben, und das für alle abgefragten Gewaltniveaus – ein Tier reizen: 20,6 % bei den Mädchen und 46,8 % bei den Jungs; das Tier schlagen: 9 % bei den Mädchen und 18 % bei den Jungs; dem Tier wehtun (z. B. einer Katze den Schwanz verdrehen oder sie kneifen): 7,4 % bei den Mädchen und 29,7 % bei den Jungs. Es scheint also, dass Jungs eher dazu imstande sind, Tiere zu reizen, als Mädchen. Als Ursache halten es die Forscher für möglich, dass solche Taten bei Jungs eher toleriert werden, dass man sie bei Jungs für weniger problematisch hält und als Ausdruck von zu viel überschüssiger männlicher Energie wertet (z. B. einen Stock zum „Schwert" machen und dem Hund damit einige Hiebe versetzen). Forscher denken, dass solche Handlungen kontrolliert, mit dem Kind besprochen und bestraft werden sollten, und zwar bei Jungs genauso wie bei Mädchen. Denn diese frühe Gewalt, zu der Jungs der Studie zufolge eher neigen, könnte den Nährboden für Gewalttaten in späteren Jahren bilden. Kleinen Jungs sollten wir diesbezüglich daher besondere Aufmerksamkeit schenken.

Die Studie zeigt außerdem, dass von den Eltern in der Familie vorgelebte Gewalt eher dazu führt, dass Kinder Gewalt an Tieren ausprobieren.

Baldry (2003) fragte die Kinder in seiner Untersuchung auch, ob sie Gewalt, von Vater oder Mutter ausgehend, ausgesetzt waren. Man unterschied physische Gewalt (Ohrfeigen), verbale Gewalt (Beleidigungen) und emotionale Gewalt (Drohungen). Häufigkeit und Intensität von Gewalttaten in der Familie wurden mithilfe anerkannter Bewertungsmaßstäbe für Gewalt ebenfalls gemessen.

Die Ergebnisse zeigen, dass ein Zusammenhang besteht zwischen der erlebten Gewalt und der eigenen Ausübung von Gewalt. Allerdings lässt sich eine gewisse Abstufung beobachten, denn elterliche Gewalt gegenüber Tieren hat weniger Einfluss, als wenn andere Kinder Gewalt an Tieren ausüben. Elterliches Verhalten hat also durchaus Modellcharakter für das Verhalten der Kinder, weitaus prägender ist jedoch das Verhalten von Gleichaltrigen. Ein Grund mehr, seine Kinder, insbesondere Jungs, zu fragen, was sie mit ihren Freunden spielen.

Folterknechte in Stadt und Land

Die Forschung zeigt, dass bei Tiermisshandlungen negative Vorbilder eine Rolle spielen, und zwar offenbar unterschiedlich, je nachdem ob wir uns in der Stadt oder auf dem Land befinden. In einer amerikanischen Studie mit Häftlingen konnten Tallichet und Hensley (2005) zeigen, dass Menschen aus ländlichen Gegenden fast ausschließlich durch familiäre Vorbilder beeinflusst werden, während in der Stadt der Freundeskreis einen größeren Einfluss hat als die Familie. Die Forscher beobachteten außerdem, dass in der Stadt am häufigsten Hunde, dann Katzen, gefolgt von anderen Nichthaustieren (etwa Tauben), das Ziel von Gewalt und Tierquälerei sind, während auf dem Land mit Vorliebe Katzen gequält werden.

Grausame Persönlichkeit?

Ebenso wie es als gesichert gilt, dass Gleichaltrige und Eltern das Verhalten von Kindern gegenüber Tieren beeinflussen, so verweist die Forschung auch auf charakteristische Persönlichkeitsmerkmale, die gewalttätiges Verhalten offenbar begünstigen.

Dadds, Whiting und Hawes (2006) führten eine Studie mit Kindern, im Durchschnitt zehn Jahre alt, und ihren Eltern durch. Mithilfe einer Skala zur Erfassung von Kind-Tier-Beziehungen erhoben die Forscher zunächst das Vorkommen von Gewalttaten an Tieren (Art, Häufigkeit, emotionale Reaktion, allein oder in der Gruppe begangen). Außerdem wurde die Persönlichkeit des Kindes untersucht, anhand seiner eigenen Aussagen und von Befragungen seiner Familie. Die Ergebnisse zeigen, dass offenbar bestimmte Kinder dazu neigen, einem Tier wehzutun, und dabei sehr grausam vorgehen – es sind dies Kinder, bei denen früh eine Persönlichkeitsstörung diagnostiziert wurde, erkennbar an mangelnder emotionaler Sensibilität beziehungsweise emotionaler Härte, und die zur Rechtfertigung ihres Verhaltens gern „die anderen" oder die äußeren Umstände anführen.

Rigdon und Tapia (1977) werteten 18 Fälle, in denen Kinder (nur Jungs) Tiere aus Spaß gequält haben, aus; dabei ermittelten sie Schwierigkeiten der Kinder, ihre Gefühle zu kontrollieren, tyrannisches Verhalten gegenüber anderen Kindern, einen Hang zum Zerstören und nicht selten die Flucht ins Lügen.

Grausam gegenüber Tieren – grausam gegenüber Menschen?

Die Gewalt an Tieren, die schon schlimm genug ist, ist leider nur ein Teil des Problems. Die Forschung zeigt, dass dieses Verhalten auch ein Indikator für späteres Verhalten sein kann: Heute quält das Kind Tiere, morgen ist es vielleicht ein gewalttätiger Straftäter!

Merz-Perez, Heide und Silverman (2001) führten eine vergleichende Studie mit Häftlingen durch, inhaftiert wegen Gewalttaten gegenüber anderen Menschen (Mord, versuchter Mord, Vergewaltigung etc.) oder wegen schwerer Straftaten, ohne jedoch Gewalt gegenüber ihren Opfern ausgeübt zu haben (Betrug, Korruption, Diebstahl ohne Waffengebrauch etc.). Hinsichtlich der demografischen Daten (Alter, Kulturzugehörigkeit, Bildungsniveau etc.) waren die beiden Gruppen vergleichbar. Die Forscher befragten sie, ob sie in ihrer Kindheit Tieren gegenüber Grausamkeiten begangen oder Tiere willkürlich misshandelt haben, ob es sich dabei um wilde Tiere, Tiere auf einem Bauernhof, um Haustiere oder streunende Tiere gehandelt habe. In der Tabelle sind die Ergebnisse dargestellt.

Tierart	Verbrechen *mit* körperlicher Gewalt	Verbrechen *ohne* körperliche Gewalt
alle Tierarten	56 %	20 %
wilde Tiere	29 %	13 %
Bauernhoftiere	14 %	2 %
Haustiere	26 %	7 %
streunende Tiere	11 %	0 %

Häufigkeit von Gräueltaten und Misshandlungen von Tieren – je nach Häftlingsgruppe (in %)

Strafgefangene, die wegen Gewalttaten gegenüber Menschen verurteilt wurden, haben demnach dreimal so häufig in ihrer Kindheit Tiere gequält und misshandelt.

Dieser Zusammenhang zwischen früher Gewalt (im Kindesalter) an Tieren und einer Anfälligkeit (Prädisposition), später auch im Erwachsenenalter gewalttätig zu werden, wurde in zahlreichen Studien bestätigt (Kellert & Felthous, 1985; Tallichet & Hensley, im Druck). Man kann sogar sagen, dass die Gültigkeit dieses Zusammenhangs (Validität), je genauer man die Gewalttaten oder die Persönlichkeit der Täter untersucht, noch mehr zum Tragen kommt.

So zeigten Ressler und Kollegen (1998) anhand der Analyse von 28 Fällen sexuell motivierter Tötungsdelikte (z. B. Ermordung von Prostituierten, Ermordung nach Vergewaltigung), dass 36 % der Täter im Kindesalter Tiere gequält haben, 46 % als Jugendliche gewalttätig waren und 36 % auch im Erwachsenenalter gewalttätig geblieben sind. Verlinden (2000) untersuchte elf Fälle von Amoklauf in US-amerikanischen Schulen und stellte bei fünf Amokläufern (45 %) fest, dass sie in ihrer Kindheit Tieren gegenüber gewalttätig gewesen waren.

Diese Studie macht auch deutlich, dass es Übereinstimmungen gibt in der Art, wie Gewalt gegen Tiere und gegen Menschen verübt wird. Wright und Hensley (2003) zeigten, dass bei Serientätern die Gewalt gegenüber Tieren im Verlauf ihrer Kindheit kontinuierlich zunahm. Und diese Steigerung der Gewalt gegenüber Tieren ist bei diesen Personen auch im Erwachsenenalter zu beobachten, wenn ihre Opfer Menschen sind: Auch hier ist eine Steigerung in der Vorgehensweise und der den Opfern zugefügten Leiden auszumachen.

Andere Forschungsarbeiten zeigen, dass außer der Steigerung von Gewalt auch die Wiederholung solcher Taten ein Alarmsignal ist.

Tallichet und Hensley (2005) zeigten, dass ein früher Beginn, die Wiederholung und die Dauer von Gewalttaten, die Kinder gegenüber Tieren verüben, die Wahrscheinlichkeit stark erhöhen, dass sie auch im Erwachsenenalter gewalttätig sein werden. Früh mit Tierquälerei zu beginnen, sie häufig zu wiederholen und auch im Jugendalter damit weiterzumachen, ist ein sehr schlechtes Zeichen. Die Gewalt und Intensität, mit der man ein Tier leiden lässt (einen Hund oder eine Katze bei lebendigem Leibe verbrennen), bilden starke Risikofaktoren, im Erwachsenenalter Menschen gegenüber gewalttätig zu werden (Hensley & Tallichet, 2009a; 2009b). Kurz, wer als Erwachsener berichtet, als Kind aus Spaß Tiere gequält zu haben, wird mit einer gewissen Wahrscheinlichkeit im Erwachsenenalter gewalttätig gegenüber Menschen werden. Dies gilt allerdings nicht für die, die Tiere gequält haben, weil „die anderen das auch so gemacht haben" (Nachahmung in der Gruppe), aus Angst oder weil sie Tiere nicht mögen (Hensley & Tallichet, 2008).

Fazit

Es dürfte gewiss sein, dass die Ausübung von Gewalt an Tieren eine tief greifende Bedeutung hat und ein starkes Indiz (nicht das einzige) ist für möglicherweise schwere Gewalttaten im Erwachsenenalter. Wir wissen, wie empfindlich die Öffentlichkeit reagiert, wenn wir das Risiko für zukünftige Gewalttaten an der schlichten Analyse des Verhaltens im Kindesalter festmachen. Die Ablehnung solcher Vorhersagen und entsprechender Arbeiten, die diesen Aspekt stützen, basiert zweifelsohne auf der Angst vor einem Verhaltensdeterminismus. Wir wollen keine derartigen Schlussfolgerungen auf Grundlage statistischer

Wahrscheinlichkeiten ziehen. Trotzdem wirft dieser starke Zusammenhang zwischen Grausamkeiten gegenüber Tieren während der Kindheit und gewalttätigem Verhalten im Erwachsenenalter schon die Frage auf, was man tun sollte, wenn man mitbekommt, dass ein Kind in jungem Alter, wiederholt und über einen längeren Zeitraum Tiere quält. Fasst man die wissenschaftliche Literatur hierzu zusammen, kommt man zu dem Schluss, dass einige Kinder Gewalt und Grausamkeit „erlernt" haben und dass über die Haustiere offenbar die Richtung dessen angedeutet wird, was in späteren Jahren gelernt wird. Wer mit Problemkindern arbeitet, könnte das kindliche Verhalten gegenüber Tieren genau untersuchen und hierbei das familiäre Umfeld sowie die Spielgefährten der Kinder miteinbeziehen. Wird das gewalttätige Verhalten gegenüber Tieren wiederholt und ohne jeglichen Anlass ausgeübt, wird es von dem Kind allein verübt und ist eine Steigerung der Grausamkeiten zu beobachten, dann dürfte dies als Indikator für schwere Verhaltensprobleme im Erwachsenenalter zu werten sein.

18 Folterkammer
Die versteckte Bedeutung von Grausamkeiten gegenüber Tieren

Wir haben gesehen, dass bestimmte Persönlichkeitsmerkmale die Misshandlung und Tierquälerei begünstigen, aber auch, dass die Eltern – als Vorbild – Einfluss auf das kindliche Verhalten nehmen. Natürlich ist das Verhalten von Eltern, die ihren Kindern vormachen, wie man Tiere quält, ebenfalls als problematisch einzustufen. In der Tat haben verschiedene Untersuchungen gezeigt, dass Grausamkeit gegenüber einem Tier Indiz sein kann für spätere Straftaten gegenüber Menschen, vornehmlich in der eigenen Familie (Abschnitt 17). Häusliche Gewalt, insbesondere gegen Kinder und Frauen gerichtet, tritt nicht isoliert auf, sondern geht mit anderen Formen der Gewalt innerhalb der Familie einher. Eltern, denen wir Gewalt gegenüber Tieren zutrauen, könnten wir auch anderer Gewalttaten verdächtigen.

Hund geschlagen – Frau geschlagen?

In der Forschung beobachten wir immer wieder einen starken Zusammenhang zwischen Gewalt gegenüber Tieren und ehelicher Gewalt. Unzählige Male wurde die Verbindung von Tierquälerei und ehelicher Gewalt gegen Frauen bestätigt.

In einer australischen Studie verglichen Volant, Johnson, Gullone und Coleman (2008) zwei Gruppen von Frauen: Die eine Gruppe bildeten Frauen aus einem Frauenhaus (zum Schutz gegen eheliche Gewalt), die andere Gruppe entsprach demografisch der Frauenhausgruppe, nur dass diese Frauen keiner Gewalt ausgesetzt waren. Anhand von Interviews analysierten die Psychologen die von den Ehemännern oder Lebensgefährten der Frauen ausgeübte Gewalt gegenüber den im Haushalt lebenden Tieren. Außerdem ermittelten die Forscher, ob die Männer den Frauen mit Gewalt an den Tieren drohten („Wenn du das nicht machst, dann tue ich deiner Katze weh"). Auch wurde erhoben, ob und wie häufig die Kinder der Frauen die Haustiere misshandelten.

Die Ergebnisse dieser Untersuchung sprechen für sich. In der Gruppe der geschlagenen Frauen misshandelten oder quälten die Männer die Haustiere fünfmal häufiger als in der Vergleichsgruppe (der Frauen, bei denen es keine eheliche Gewalt gab). Außerdem wurde deutlich, dass die Männer der Frauenhausgruppe ihren Frauen weitaus häufiger mit Tierquälerei drohten. Schließlich – und dies bestätigt das, was wir in Abschnitt 17 erfahren haben – belegen die Ergebnisse dieser Studie, dass Männer, die ihre Frauen schlagen und ihre Tiere misshandeln, auch häufiger Kinder haben, die Tiere quälen.

Männer, die ihre Frauen schlagen, sind, so die Studie, verglichen mit nichtgewalttätigen Männern auch Tieren gegenüber noch grausamer und mit ihrer Gewalt sehr berechnend.

Simmons und Lehmann (2007) befragten 1283 Frauen, die in einem Zentrum für geschlagene Frauen Zuflucht nach ehelicher Gewalt gesucht hatten und die ein Haustier (vor allem einen Hund oder eine Katze) besaßen. Zunächst wurde ermittelt, ob und, wenn ja, wie die Tiere misshandelt worden waren. Dann befragte man die Frauen nach der Art der verbalen, physischen und emotionalen Gewalt anhand einer 84 Kategorien umfassenden Skala zu ehelicher Gewalt (Vorwürfe, Beleidigungen hinsichtlich des Aussehens oder Fähigkeiten, Schläge, Fußtritte, Bisse, Vergewaltigungen etc.). Die Ergebnisse zeigten, dass die Männer, die ein Haustier gequält hatten, verglichen mit Männern, die dies noch nie getan hatten, ihren Frauen gegenüber häufiger, schlimmer und auf verschiedenste Art gewalttätig waren. Zum Beispiel vergewaltigten Männer, die nicht davor zurückschrecken, ein Tier umzubringen, auch ihre Frauen. Die gegenüber Tieren gewalttätigen Männer haben auch häufiger die Freiheiten ihrer Lebensgefährtinnen eingeschränkt (Entzug finanzieller Mittel, im Haus eingesperrt etc.).

Zahlreiche Studien haben diesen Zusammenhang zwischen Tierquälerei und ehelicher Gewalt durch den Ehemann oder Lebensgefährten immer wieder belegt. Im Übrigen sind Misshandlung und Quälerei der Haustiere nicht nur Anzeichen dafür, dass ein Mann auch seiner Frau gegenüber gewalttätig ist; häufig sind sie auch der Grund, warum die Frauen nicht ausziehen. Faver und Strand (2003) zeigten, dass recht viele Frauen, die ehelicher Gewalt ausgesetzt sind, dennoch zögern zu gehen, insbesondere wenn sie ein Haustier haben (vor allem wenn es ihr ganz eigenes Tier ist) und sie genau wissen, dass ihr Lebensgefährte das Tier misshandeln würde. Sie befürchten die Vergeltung an ihrem Tier. Das Haustier hat in dieser Situation die Funktion einer sozialen Stütze, es hilft, in dem Klima von Angst und Gewalt zu leben (Flynn, 2000). Darum fällt es den Frauen sehr schwer, ihr Zuhause zu verlassen. Die Frau gewöhnt sich an die Beziehung zu ihrem Tier, an diese Beziehung zwischen zwei Opfern desselben Täters, die sich gegenseitig unterstützen; das hilft ihr emotional und bildet eine Art Bewältigungsstrategie (Coping), und so glaubt die Frau auch, ohne ihr Tier keine neuen Ereignisse bewältigen zu können. Kogan, McConnell, Schoenfeld-Tacher und Jansen-Lock (2004) gehen davon aus, dass viel mehr Frauen den Schritt aus dem ehelichen Haushalt schaffen würden, wenn die Möglichkeit, Tiere in beschützende Frauenhäuser mitzunehmen, sowohl gegeben als auch entsprechend propagiert würde.

Die Misshandlung von Haustieren deutet auf häusliche Gewalt hin, und der Zusammenhang besteht nicht nur in der Beziehung von Mann und Frau. Wir wissen, dass Tierquälerei auch ein Anzeichen für mögliche Gewalt gegen die eigenen Kinder oder die Kinder der Lebensgefährtin ist. Offenbar kann man die schlimmsten Fälle von Kindesmisshandlung anhand des Verhaltens der Eltern gegenüber einem Haustier vorhersagen. Auch für Fälle sexuellen Missbrauchs in der Familie hat man einen Zusammenhang mit Gewalt an Tieren beobachten können.

Ascione (1994) beschreibt die Ergebnisse einer Untersuchung von Kindern, Jungs und Mädchen, im Alter von zwei bis zwölf Jahren, die Opfer sexuellen Missbrauchs, in den meisten Fällen durch Familienangehörige (vor allem Väter und Stiefväter), geworden waren. Im Rahmen einer Familienbefragung erhob man auch, ob Familienangehörige (Vater, Mutter, Stiefeltern, Brüder, Schwestern …), die mit unter demselben Dach lebten, Haustiere gequält oder misshandelt hatten. Gleichzeitig führten die Forscher eine identische Untersuchung mit Familien durch, bei denen kein sexueller Missbrauch der Kinder vorlag. Die Ergebnisse sind in der Abbildung dargesellt.

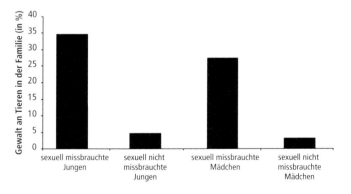

Wir stellen also einen starken Zusammenhang fest zwischen dem Vorkommen von elterlicher Gewalt gegenüber den

Haustieren und sexuellem Missbrauch der Kinder, der Jungs wie der Mädchen. Auch wenn diese Daten von 1994 stammen, sind sie heute – leider – nicht weniger aktuell. Eine kürzlich durchgeführte Untersuchung von DeGue und DiLillo (im Druck) bestätigt, dass Gewalt gegenüber Tieren ein Indikator für häusliche Gewalt in Familien ist. In einer Befragung von Jugendlichen haben die Forscher zeigen können, dass in Familien mit oder ohne häusliche Gewalt auch das Vorkommen von Tiermisshandlung variiert, wie aus der Tabelle hervorgeht.

häusliche Gewalt	Gewalt an Tieren (Häufigkeit in %)
keine Gewalt angegeben	19,1 %
sexueller Missbrauch der Kinder	27,7 %
eheliche Gewalt	28,3 %
eheliche Gewalt und sexueller Missbrauch	31,4 %
schwere Gewaltverbrechen (versuchter Mord)	33,0 %

Gewalt gegenüber Tieren – je nach Art der in den Familien beschriebenen Formen der Gewalt

Wir sehen also, dass die Gewalt gegenüber Tieren proportional gleich geblieben ist, betrachten wir nur die Fälle sexuellen Missbrauchs an Kindern. Wie sehen auch, dass, je schwerer die Straftaten sind, eine Zunahme bei der Gewalt gegenüber Tieren zu verzeichnen ist. Im Übrigen zeigt die weiterführende Analyse der Autoren, dass die schwersten Fälle von Tiermisshandlung (physische Gewalt und Tötung aus Spaß) sehr häufig mit schwerer häuslicher Gewalt verbunden sind.

Fazit

Letzten Endes geht die Gewalt gegenüber Tieren mit Gewalt an Erwachsenen und Kindern, zumeist innerhalb der Familie, einher. Mehr noch, dieses Verhalten gegenüber Tieren deutet mit einiger Wahrscheinlichkeit darauf hin, dass Gewalt auch gegenüber nahen Angehörigen verübt wird. Die Forscher betonen, dass Sozialarbeiter, Psychologen und Ärzte die Misshandlung von Tieren in ihren Auswertungen und Analysen unbedingt berücksichtigen sollten, was oft genug ausgeblendet wird. In der Tat kann anhand des Vorhanden- oder Nichtvorhandenseins und der Art der Tierquälerei auf die Gefährlichkeit des Verwandten (in diesen Studien in der Regel des Ehemannes und/oder des Vaters) geschlossen werden. Wenn wir solche Kriminalität rechtzeitig erkennen, könnten wir Vorkehrungen treffen und die sich anbahnenden und steigernden Grausamkeiten vermeiden, die für die Betreffenden meist lebenslange verheerende Folgen haben und mitunter sogar tödlich enden.

3
Ich habe eine tierisch gute Gesundheit

Inhaltsübersicht

Ein wichtiger Zweig der Forschung, die den Einfluss von Tieren auf Menschen untersucht, befasst sich mit der Auswirkung von Tieren auf die menschliche Gesundheit. Derzeit untersuchen Wissenschaftler, wie Tiere sich auf unser körperliches Wohlbefinden, auf das Vorkommen bestimmter Erkrankungen, aber auch auf solche Verhaltensweisen auswirken, die mit unserer Gesundheit zusammenhängen, beispielsweise die körperliche Aktivität des Herrchens durch seinen Hund. Doch die Forschungsarbeiten gehen noch weiter. Sie zeigen nämlich auch, dass Hunde als therapeutische Hilfen eingesetzt werden können und so zum Genesungsprozess der Patienten beitragen und dass Tiere in bestimmten Fällen sogar Krisen, die für Menschen gefährlich werden können, voraussehen können. So unterstützen Tiere auch die medizinische Vorsorge. Derartige Studien zeigen, dass die Auswirkungen, die allein die Gegenwart eines Tieres für Menschen haben kann, leicht unterschätzt werden. Tiere haben wesentlichen Einfluss auf das Leben und die Gesundheit der Menschen in ihrer Umgebung.

Ein Tier zwingt Sie dazu, sich zu bewegen und sogar sportlich zu betätigen, und es hilft Ihnen, sich zu entspannen. Kurz, allein das Zusammensein mit einem Tier verschafft uns eine Reihe von körperlichen und seelischen Wohltaten.

19 Sie haben Übergewicht?
Halten Sie sich einen Hund!
Körperliche Aktivität von Hundebesitzern

Fettleibigkeit ist in den Industrieländern inzwischen zu einem gravierenden Gesundheitsproblem geworden. Man schätzt sogar, dass nahezu ein Drittel aller Kinder übergewichtig, ja sogar fettleibig ist. Fettleibigkeit zieht gesundheitliche Risiken nach sich (kardiovaskulär, Atmung und Darm betreffend, orthopädisch, Diabetes etc.). Wir wissen, dass stundenlanges Sitzen in Verbindung mit einer zu reichhaltigen Ernährung eine der Ursachen für Dickleibigkeit ist. Anders herum: Wir können durch körperliche Aktivität Pfunde abbauen oder verhindern, dass sie überhaupt draufkommen. Ärzte empfehlen Kindern wie Erwachsenen, täglich eine Stunde zu gehen.

Es wurden einige Studien durchgeführt, die sich mit der Frage beschäftigten, ob ein Hund im Haus Einfluss auf die Variable „Gewicht" haben kann. Eine amerikanische Untersuchung (Coleman, Rosenberg, Conway, Sallis, Saelens, Frank & Cain, 2008) an mehr als 2000 Erwachsenen hat ergeben, dass es unter Hundebesitzern weniger fettleibige Menschen gibt (17 %) als unter Nichthundebesitzern (22 %). Bei Kindern ist das Risiko zu Übergewicht oder Fettleibigkeit niedriger, wenn sie einen Hund haben (Timperio, Salmon, Chu & Andrianopoulos, 2008). Warum? Die Erklärung geht in Richtung „Bewegung". Eine andere Studie zeigt, dass Leute, die einen Hund haben, zweimal so viel laufen wie Leute ohne Hund, wie man auch aus der Abbildung ersehen kann.

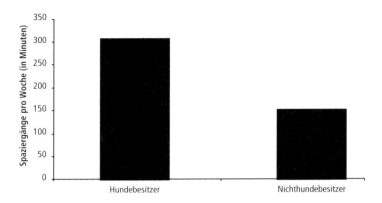

Natürlich können Sie auch – trotz Hund – dick werden. Dennoch zeigen die Untersuchungen, dass Hundebesitzer im Vergleich zu Leuten ohne Hund eine um etwa 70 % größere Chance haben, sich ausreichend zu bewegen (Cutt, Giles-Corti, Knuiman, Timperio & Bull, 2008), was, wie wir wissen, gut gegen Übergewicht ist. Auch wenn sie älter werden, liegt es im Interesse der Hundebesitzer, ihren Hund weiterhin auszuführen, denn das erhält ihnen ihre Mobilität (Thorpe, Simonsick, Brach, Ayonayon, Satterfield, Harris, Garcia & Kritchevsky, 2006).

Fazit

Die Anwesenheit eines Hundes zwingt uns unerbittlich dazu, uns zu bewegen. Auch wenn es noch nicht allzu viele Studien hierzu gibt, sprechen die vorliegenden doch dafür, dass die Tatsache, einen Hund zu besitzen, vorbeugend gegen Fettleibigkeit bei Erwachsenen wie bei Kindern wirken könnte.

20 War es richtig, dass wir Mama einen kleinen Kuschelhund geschenkt haben?
Gesundheit und Wohlbefinden von älteren Menschen durch ein Haustier

Vielleicht werden Sie sich eines Tages fragen: „Ist ein kleiner Hund wirklich das richtige Geschenk für meine Mutter?" Anders formuliert: Wünschen ältere Menschen sich eher, einen Hund zu haben oder keinen Hund zu haben?

Man wollte auf diese Frage eine Antwort finden … Mehrere Untersuchungen versuchten zu klären, ob ein Haustier die sozialen Beziehungen und die körperliche sowie seelische Gesundheit älterer Menschen verbessern kann. Nur wenige Studien haben keinerlei Auswirkungen gefunden, aber es gibt sie (Jorm, Jacomb, Christensen, Henderson, Korten & Rodgers, 1997). Die anderen Studien belegen eindeutig, dass es von Vorteil ist, ein Haustier zu besitzen.

In einer Untersuchung von Richeson (2003) nahmen 15 Bewohner eines Altenwohnheims für Menschen mit seniler Demenz drei Wochen lang an einer täglich stattfindenden Therapie teil, in der ein Hund als Co-Therapeut assistierte (AAT, Animal Assisted Therapy). Das Ergebnis war, dass die Bewohner deutlich weniger Unruhe und bessere soziale Interaktionen zeigten.

Die Zahlen belegen, dass deutsche und australische Hunde- und Katzenbesitzer (die Studie wurde in diesen beiden Ländern durchgeführt) seltener den Sanitätsdienst nutzen als der Rest der Bevölkerung. Der Unterschied macht sich besonders bei älteren Menschen bemerkbar, obwohl doch gerade diese Bevölkerungsgruppe den Gesundheitsdienst im Allgemeinen am stärksten beansprucht, da sie anfälliger und häufiger krank ist als andere.

Hochrechnungen zufolge gehen Menschen, die ein Haustier haben, weniger oft zum Arzt (−15 %). In Deutschland hat man festgestellt, dass die Anzahl der im Krankenhaus verbrachten Nächte 32 % geringer ist als bei Menschen, die kein Tier haben.

Das ist nicht wenig. Die Forscher schätzen, dass Tierbesitzer im Verlauf von nur einem Jahr zu Ersparnissen im Gesundheitswesen beitragen, die sich auf zwei Milliarden Dollar (in Australien) beziehungsweise auf 4,5 Milliarden Euro (in Deutschland) belaufen (Headey & Krause, 1999).

In einer kanadischen Studie (Raina, Waltner-Toews, Bonnett, Woodward & Abernathy, 1999) wurden 1000 Personen im Alter von 65 Jahren und darüber befragt. Sie waren mehrmals im Jahr per Telefon kontaktiert worden (Längsschnittstudie). Man wollte herausfinden, ob die Anwesenheit eines Haustieres oder auch die emotionale Bindung an das Tier die körperliche und seelische Gesundheit der älteren Menschen zu beeinflussen vermag. Daher fragte man sie zunächst, ob sie ein Haustier besäßen. Dann erhob man die sozialen Aktivitäten der befragten Personen (Größe ihres sozialen Netzwerks, Mitgliedschaft in einem Verein, aber auch Gefühle der Einsamkeit, Häufigkeit, mit der sie sich anderen anvertrauen, Gegenwart anderer in schwierigen Situationen). Als

Indikator für körperliche Gesundheit galt die Fähigkeit, den Aktivitäten des täglichen Lebens nachzugehen, und als Maß für seelische Gesundheit die Zufriedenheit mit den Beziehungen in der Familie, mit den Freunden, hinsichtlich Arbeit und finanzieller Situation, die Einschätzung des Lebens und Glücks ganz allgemein und der wahrgenommenen geistigen Gesundheit. Außerdem erhob man soziodemografische Daten wie Alter, Geschlecht, Familienstand, Bildung, Haushaltseinkommen und wichtige Lebensereignisse.

Schließlich konnte in dieser Studie gezeigt werden, dass die Besitzer von Haustieren viel jünger sind als Nichtbesitzer. Sie sind im Allgemeinen verheiratet oder leben mit jemandem zusammen. Ihre körperliche Gesundheit war ebenfalls besser. Außerdem verschlechterte sich die Mobilität der Menschen ohne Hund oder Katze in dem betreffenden Jahr wesentlich schneller als bei den Hundebesitzern. Allerdings wurde der Zusammenhang zwischen der Tatsache, ein Haustier zu besitzen, und dem seelischen Wohlbefinden der älteren Menschen in dieser Studie nicht direkt gemessen.

Eine andere Untersuchung (Hecht, McMillin & Silverman, 2001) wollte herausfinden, wie ein Tier einen älteren Menschen unterstützen kann. Durchgängig zeigen die Ergebnisse der Studie, die mit 275 älteren Menschen aus den Vereinigten Staaten durchgeführt wurde, dass die emotionale Bindung an das Haustier umso wichtiger wird, je einsamer die Menschen sind. Am höchsten war der Zusammenhang zwischen Einsamkeit und Bindung an das Tier bei den Menschen, die keinen menschlichen Vertrauten hatten (Wilson & Turner, 1998). Ein Tier zu haben, scheint gut für die seelische Gesundheit zu sein. Übrigens hatten Kidd und Feldman bereits 1981 gezeigt, dass Senioren *mit* Haustier über ein höheres Selbstvertrauen und eine größere Selbstachtung verfügten als die anderen (ohne Haustier).

In einer weiteren Untersuchung (Corson & Corson, 1981) prüfte man, welche Auswirkungen es haben kann, wenn man Hunde in Altersheime bringt. Die Forscher stellten fest, dass Einsamkeit und sozialer Rückzug bei Personen, die unter geistiger Hilflosigkeit litten, nachließen. Sie beteiligten sich mehr am Gespräch und traten häufiger in Kontakt mit ihrer unmittelbaren Umgebung.

Es wurde auch deutlich – an einer Gruppe von 52 älteren, im Heim lebenden Menschen –, dass allein der Besuch eines Hundes schon die Stimmung hebt und die besonders ängstlichen Menschen weniger bedrückt sein lässt (Colby & Sherman, 2002), ja, dass er sogar Furcht und Angst zu verringern vermag (Likourezos, Burack & Lantz, 2002). Allerdings belegen die diversen Studien insbesondere, dass die Gegenwart eines Hundes in erster Linie die körperliche Gesundheit älterer Menschen *erhält*; seltener sind Studien, die zeigen, dass sie sie verbessert. Sicher dürfte sein, dass es für Senioren von echtem Vorteil ist, ein Haustier zu haben.

Fazit

Weil Hunde und Katzen immer da und somit zuverlässige Gesellschafter sind, stabilisieren sie die körperliche Gesundheit älterer Menschen und verbessern deren geistige Verfassung. Sie haben also gut daran getan, Ihrer … Mama einen kleinen Hund zu schenken!

21 Der Hund ist die Zukunft ... der Frau

Einfluss eines Haustieres auf die Gesundheit von Frauen

Wir haben gesehen, dass sich das Leben mit einem Haustier vor allem positiv auf die Gesundheit der Leute im Allgemeinen auswirkt. Diesen Effekt konnten auch stärker differenzierte Studien bestätigen.

Im Jahre 2007 wollten Zheng, Na und Headey wissen, ob es einen Zusammenhang gibt zwischen der Gesundheit von chinesischen, in der Stadt lebenden Frauen und der Tatsache, dass sie ein Haustier haben. Diese Forscher haben daher eine Studie mit nahezu 3000 Frauen im Alter von 25 bis 40 Jahren durchgeführt. Sie baten die Frauen, einen Fragebogen auszufüllen. In ihrer Stichprobe besaßen 1500 Frauen ein Haustier, die anderen 1500 hatten kein Haustier. Der Fragebogen enthielt zahlreiche Fragen zur Gesundheit (Schlaf, Krankschreibungen, Arztbesuch etc.) mit genauen Angaben (z. B. Anzahl der Tage, an denen sie krankgeschrieben waren).

Die Forscher stellten fest, dass es einen beachtlichen Unterschied gab zwischen den beiden Gruppen, hinsichtlich der körperlichen Gesundheit, der Häufigkeit von Arztbesuchen, der Qualität ihres Schlafes, der Anzahl von Tagen, an denen sie krankgeschrieben waren – und immer waren die Frauen, die ein Haustier besaßen, im Vorteil. Diese Frauen schliefen besser, hatten weniger Krankheitstage, benötigten seltener einen Arzt und befanden sich alles in allem in einer besseren gesundheitlichen Verfassung als die Frauen ohne Haustier.

Fazit

Die starke Differenzierung (hier wurden nur Frauen im Alter von 25 bis 40 Jahren befragt) offenbart einen starken Zusammenhang zwischen Gesundheit und der Tatsache, ein Haustier zu besitzen. Natürlich verrät die Analyse nicht, was Ursache und was Wirkung ist. Verbessert die Tatsache, einen Hund oder eine Katze zu besitzen, die Gesundheit? Denkbar wäre ja auch, dass Frauen, die sich einer guten Gesundheit erfreuen, sich auch eher ein Haustier zulegen. Jedenfalls, bis zum Beweis des Gegenteils, gibt es einen Zusammenhang zwischen der Gesundheit von Frauen und dem Besitz eines Haustieres.

22 Hund oder Katze?
Gesundheit von Hunde- und Katzenbesitzern

Gehören Sie zu den Leuten, die Katzen lieber als Hunde mögen? Im Allgemeinen führen diese Leute als Argument an, dass Katzen unabhängiger und ruhiger sowie schöner anzusehen sind und dass man mit ihnen nicht Gassi gehen muss. Diejenigen, die lieber Hunde mögen, argumentieren, dass Hunde viel liebevoller sind und mehr an ihrem Herrchen hängen. Wegen dieser besonderen Beziehung zwischen Mensch und Hund schaffe man sich lieber einen Hund als eine Katze an … Dies mag alles richtig sein, aber wenn man nur den gesundheitlichen Aspekt betrachtet, erfreuen sich dann Hundebesitzer einer besseren Gesundheit als Katzenbesitzer?

Haben wir ein paar Zahlen, um diese Frage zu erhellen? Wir können schon einmal festhalten, dass sich Hundebesitzer, im Vergleich zu Leuten, die überhaupt kein Haustier besitzen, auszeichnen durch

- ein geringeres Risiko für kardiovaskuläre Erkrankungen, insbesondere die Männer (dies belegt eine Studie, die mit 5741 Personen in einer Spezialklinik durchgeführt wurde; vgl. Anderson, Reid & Jennings, 1992),
- niedrigere Blutfettwerte (dies belegt eine Untersuchung mit älteren Menschen, die ein Haustier, welches auch immer, besaßen; vgl. Dembicki & Anderson, 1996).

Die Vorstellung, dass sich Haustiere wohltuend auf den Menschen, insbesondere seine Gesundheit auswirken, ist bereits seit einiger Zeit nachgewiesen. In unterschiedlichsten Studien zählen die Haustierbesitzer immer wieder zu der Gruppe mit der besseren Gesundheit, verglichen mit den Nichttierbesitzern (z. B. Wilson & Turner, 1998). Aber nur wenige Arbeiten sind einem möglicherweise bestehenden Unterschied zwischen Hunde- und Katzenbesitzern nachgegangen.

Serpell (1991) führte eine solche Studie durch. Er begleitete Tierbesitzer zehn Monate lang, nachdem sie sich ihren Hund oder ihre Katze angeschafft hatten, und stellte einen enormen Rückgang von leichteren Erkrankungen wie Kopfschmerzen, Erkältungen oder Schwindelanfällen fest. Diese Veränderungen waren bei Katzen- und Hundebesitzern gleichermaßen gegeben, und zwar vom ersten Tag an mit dem Tier.

Aber davon abgesehen waren die Hundebesitzer, so erstaunlich es klingen mag, in einem besseren gesundheitlichen Zustand als die Katzenbesitzer …

Friedmann und Thomas (1995) verdeutlichten, dass die beiden Tierarten ihren Herrchen unterschiedliche Vorteile verschaffen können. So zeigt ihre Untersuchung, dass Hundebesitzer ein Jahr nach einem Herzanfall zehnmal so oft noch am Leben sind als Katzenbesitzer.

Auch die Psychologin Wells hat einen Unterschied im „körperlichen und seelischen Wohlbefinden" zwischen Hunde- und Katzenbesitzern nachgewiesen. Insbesondere die Abnahme von leichteren Erkrankungen (Kopfschmerzen, Erkältungen, Schwindel) ist dauerhafter nach Anschaffung eines Hundes als nach einer Katze (mehr als zehn Monate später).

So stellt sich nun die Frage: Warum sind Hundebesitzer gesünder als Katzenbesitzer? Wir können uns viele Ursachen vorstellen.

Hunde können ihre Besitzer gegen Stress schützen. Einen Hund zu streicheln und/oder mit ihm zu sprechen, senkt den Blutdruck und verlangsamt die Herzfrequenz (Wilson, 1991). Außerdem reduziert in Stresssituationen die bloße Anwesenheit eines Hundes, der eben eher zur Stelle ist als eine Katze, autonome Reaktionen wie Schweißausbruch, Blutdruck oder Herzfrequenz (Allen, Blascovich, Tomaka & Kelsey, 1991; Allen, Blascovich & Mendes, 2002). Andererseits konnten unlängst durchgeführte Untersuchungen zeigen, dass sich unser Blutdruck auch senkt, wenn wir im Kontakt mit unserer Katze sind (Somervill, Kruglikova, Robertson, Hanson & MacLin, 2008).

Es ist daher wahrscheinlich, dass die körperliche Ertüchtigung durch das Gassigehen ebenfalls (und indirekt) zum Erhalt der körperlichen Gesundheit beiträgt (Dembicki & Anderson, 1996). Außerdem wirken Hunde mitunter wie ein Frühwarnsystem bei einigen Erkrankungen des Menschen, etwa der Epilepsie (Abschnitt 23). Und schließlich erhöhen Hunde die Lebensqualität von Menschen mit einer Behinderung erheblich.

> Die angelsächsische Guide Dog Association hat 21 000 Blinden und Sehbehinderten geholfen, indem sie ihnen einen Blindenhund zur Verfügung stellte. Die Hunde waren ihren Besitzern nicht nur eine Hilfe bei der Fortbewegung, sondern sie haben eindeutig auch zum seelischen Wohlbefinden beigetragen, insbesondere indem sie das Gefühl von Einsamkeit verringerten und die Selbstachtung, die Unabhängigkeit und die soziale Identität verbesserten (Hart, Zasloff & Benfatto, 1995; Lane, McNicholoas & Collis, 1998; Sanders, 2000; Steffens & Bergler, 1998). Behindertenbegleithunde erhöhen die Sozialkontakte ihrer (behinderten) Besitzer. Hart und Kollegen (1987) konnten zeigen, dass Rollstuhlfahrer, die mit ihrem Hund unterwegs waren, im Schnitt achtmal von Fremden sehr freundlich angesprochen wurden, aber nur einmal, wenn sie nicht in Begleitung des Hundes waren.

Fazit

Es dürfte schwierig werden, auf die ewige Frage, ob es besser ist, einen Hund oder eine Katze zu haben, eine endgültige Antwort zu finden. Scheinbar offenbart ein Hund größere gesundheitliche Vorteile. Andererseits dürfen wir den Hund nicht zum Wundermittel gegen sämtliche Gesundheitsprobleme des Menschen machen. Dennoch sind Hundebesitzer offenbar gesünder als Leute, die eine Katze oder überhaupt kein Tier haben … Aber Vorsicht! Die Studien zeigen, dass es für die Gesundheit besser sein kann, eine Katze zu haben als überhaupt kein Tier. Gesundheit lässt sich nicht auf körperliche Gesundheit reduzieren, und Katzen leisten durchaus ihren Beitrag zur psychischen Gesundheit. Tatsächlich haben Straede und Gates (1993) die Gesundheit von 92 Katzenbesitzern mit der von 70 Menschen ohne Haustier verglichen: Katzenbesitzer hatten eine bessere seelische Gesundheit und litten weniger unter psychiatrischen Problemen. Die Grenzen solcher Untersuchungen bestehen darin, dass wir nicht wissen, was Ursache und was Wirkung ist. Führt also die Tatsache, eine Katze zu haben, zu einer besseren seelischen Verfassung, oder mögen Menschen, die weniger psychische Probleme als andere haben, Katzen mehr? Das ist nicht leicht herauszubekommen, aber es lohnt die Mühe, denn die Segnungen dieser beiden häufigsten Haustiere sind einfach wichtig. Und schließlich – wenn Sie sich in Körper und Kopf wohlfühlen wollen, dann leben Sie doch mit Hund und Katze. Es ist so niedlich, die beiden miteinander spielen zu sehen.

23 Krisendetektor
Wie Hunde einen drohenden epileptischen Anfall erkennen

Dass die Wahrnehmungsfähigkeit von Hunden, vor allem ihr Geruchssinn und ihr Hörvermögen, hochentwickelt ist (Drogenhändler können ein Lied davon singen), wissen wir. Weniger bekannt ist vermutlich, dass Hunde einen ganz besonderen Spürsinn haben, der für Menschen mit chronischen Erkrankungen in bestimmten Situationen ein Segen sein kann.

Sollten Sie Epileptiker sein, ist gut zu wissen, dass Ihr Hund es spüren kann, wenn bei Ihnen ein epileptischer Anfall naht, und dass er Sie oder Ihre Umgebung davor warnen kann.

Bis vor Kurzem hielt man die Vorstellung, dass Hunde die ersten Anzeichen eines epileptischen Anfalls wahrnehmen, für reine Anekdoten. Doch Wissenschaftler fingen vor einigen Jahren an, sich für dieses Thema zu interessieren. Untersuchungen, die herausbekommen wollten, ob Hunde von Geburt aus bevorstehende Anfälle erspüren können, waren wenig aufschlussreich (Edney, 1991; 1993). Nur ganz bestimmte Hunde können dies spontan (zur Übersicht siehe Dalziel, Uthman, McGorray & Reep, 2003). Unlängst veröffentlichte Arbeiten konnten jedoch zeigen, dass verschiedene Tiere diese Fähigkeit haben, wenn man sie dazu erzieht, ihr Herrchen zu überwachen (Strong, Brown, Huyton & Coyle, 2002).

Aber wie soll das Überwachen vonstattengehen? Nun, indem der Hund auf äußere Anzeichen eines drohenden Anfalls angemessen reagiert, beispielsweise indem er bellt (Brown & Strong, 2001).

Wir wissen nicht genau, wie Hunde es fertigbringen, die epileptischen Anfälle ihrer Herrchen vorauszusehen. Schenken wir Leuten Glauben, die solche Hunde ausbilden, dann werden die Hunde wahrscheinlich durch bestimmte visuelle Anzeichen alarmiert, etwa die Körperhaltung des Besitzers, seinen Gesichtsausdruck, die Muskelspannung und das Atemmuster, Schweiß und bestimmte Verhaltensweisen. Anders als man vielleicht vermutet, berücksichtigen die Hunde in dieser Situation olfaktorische und akustische Anzeichen kaum (Kirton, Wirrell, Zhang & Hamiwka, 2004).

Damit ein Tier die ersten Anzeichen von Anfällen wahrnehmen kann, muss es gut ausgewählt und entsprechend erzogen sein (Dalziel, Uthman, McGorray & Reep, 2003), andernfalls könnten die Hunde unangemessen reagieren, was für den Besitzer gefährlich werden könnte (Strong & Brown, 2000).

Fazit

Da hat der beste Freund des Menschen also ganz ungeahnte Wahrnehmungsfähigkeiten. Man kann sich vorstellen, welche weiteren Anwendungsmöglichkeiten und neuen Wege der Prävention diese Fähigkeit noch eröffnen wird. Ein Tipp, wenn Sie Epileptiker sein sollten: Gehen Sie zu Ihrem Tierarzt; er wird Ihnen eine Adresse für eine Hundeschule geben, in der man Hunde ausbildet, auf diese Störung zu achten …

24 Sind Hunde die Freunde von Diabetikern?
Wie Hunde die Unterzuckerung (Hypoglykämie) beim Menschen spüren

Hauptproblem von Diabetikern ist die Gefahr einer Unterzuckerung (Hypoglykämie). Da ihre Bauchspeicheldrüse kein Insulin mehr produziert, benötigen sie eine den

Blutzuckergehalt ausgleichende Behandlung. Manchmal schwankt der Blutzuckergehalt jedoch, und dann gerät die betreffende Person in eine Unterzuckerung, das heißt, sie hat nicht mehr genug Zucker im Blut, was zu Bewusstlosigkeit oder noch schlimmeren Problemen führen kann.

Wir wissen heute, dass einiges darauf hindeutet, dass Hunde in der Lage sind, eine Hypoglykämie zu erkennen. So hat einer Untersuchung zufolge (Lim, Wilcox, Fisher & Burns-Cox, 1992) mehr als ein Drittel der Hunde von Diabetikern ihr Verhalten mit den hypoglykämischen Anfällen ihres Herrchens nach und nach verändert und weiterentwickelt. Die Hunde sind sogar in der Lage, ihren Herrn bereits zu warnen, noch bevor dieser überhaupt die ersten Anzeichen einer Hypoglykämie wahrgenommen hat und sich dessen bewusst ist (Chen, Daly, Natt & Williams, 2000).

Wir wissen nicht genau, wie die Hunde das machen. Einige Forscher gehen davon aus, dass sie den Geruch kurz vor dem Anfall wahrnehmen (Chen, Daly, Natt & Williams, 2000). So ist beispielsweise der Fall eines Hundes bekannt, der sein Herrchen vor einer Unterzuckerung warnte, während dieser schlief wie ein Murmeltier. Der Hund orientierte sich vermutlich an Geruchsanzeichen. Wir wissen, dass Menschen während eines hypoglykämischen Anfalls eine bestimmte Schweißabsonderung haben (McAulay, Deary & Frier, 2001); es ist insofern anzunehmen, dass Hunde die biochemischen Veränderungen im Schweiß ihres Herrn wahrnehmen. Wir wissen noch nicht, ob wir Hunde dazu abrichten können, dass sie hypoglykämische Anfälle ihres Herrn frühzeitig wahrnehmen. Das werden erst zukünftige Untersuchungen klären können. Immerhin sind einige Hunde von sich aus dazu in der Lage.

Fazit

Wieder einmal stellen wir fest, dass sich der beste Freund des Menschen als wertvolle Hilfe erweist, ist er doch imstande, gesundheitliche Probleme seines Besitzers vorauszusehen und diesen vor den unangenehmen Folgen zu bewahren. Man kann sich den Nutzen solcher Forschung ausmalen, wohl wissend, dass man dies auf viele andere Krankheiten übertragen kann, wenn wir Hunde dazu abrichten, Anfälle oder manch anderes vorhersehbares Ereignis (Stürze, Bewusstlosigkeit etc.) frühzeitig wahrzunehmen.

25 Sollten Ärzte ihren Scanner durch einen Setter ersetzen?
Der olfaktorische Spürsinn von Hunden für menschliche Krebserkrankungen

Der Geruchssinn von Hunden ist enorm. Das geht auch aus einem Artikel von Williams und Pembroke hervor, 1989 in *The Lancet* (einer der angesehensten wissenschaftlichen Zeitschriften) erschienen, in dem von dem außergewöhnlichen Verhalten eines Hundes (halb Collie, halb Dobermann) berichtet wird. Der Hund schnüffelte ständig an einem Leberfleck am Bein seines Frauchens und vergaß darüber alles andere. Der Hund versuchte sogar, die Stelle wegzubeißen, als sein Frauchen einen Rock trug. Nun, dieser Leberfleck entpuppte sich als ein maligner Tumor (für weitere Anekdoten dieser Art siehe Dobson, 2003, oder Church & Williams, 2001). Nachdem der Tumor entfernt worden war, interessierte sich der Hund nicht mehr für das Bein seines Frauchens.

Man kann sich nun sagen, dass diese Anekdote nichts Besonderes ist, denn Hunde haben einen gut entwickelten Geruchssinn (Schoon, 1997). Es wird Ihnen nicht entgangen sein, dass Hunde einen besseren Geruchssinn haben als wir armen Menschen! Es ist möglich, dass Hunde mit einem Geruchssinn ausgestattet sind, der 10 000- bis 100 000-fach stärker ist als der von Menschen.

Beim Menschen ist die Riechschleimhaut ungefähr drei bis vier Quadratzentimeter groß und enthält etwa fünf Millionen Riechzellen. Beim Hund kann dieses Areal bis zu 150 Quadratzentimeter groß werden und bis zu 200 Millionen Riechzellen enthalten. Außerdem ist der Riechkolben (Bulbus olfactorius) im Hundegehirn im Verhältnis viermal so groß wie beim Menschen. Deshalb können Hunde bereits kleinste Mengen eines Duftstoffes wahrnehmen. Je nach Hunderasse ist der Geruchssinn unterschiedlich gut ausgeprägt; am besten scheinen Dachshunde und Schäferhunde riechen zu können, am wenigsten gut Doggen und Windhunde. Man beachte, dass ein Schäferhund ungefähr 200 Millionen Riechzellen besitzt, eine Katze dagegen nur 50 Millionen.

Wie auch immer, je mehr Riechzellen, desto besser der Geruchssinn. Darum setzen Menschen seit jeher Hunde für vielfältige Aufgaben ein, etwa zum Jagen, zur Verbrechersuche oder zur Suche von Menschen, die von einer Lawine unter Schnee verschüttet sind. Und am Flughafen helfen die „Hundchen", Drogen, Waffen oder Sprengstoff zu suchen.

Bekanntermaßen produzieren Tumore Geruchsstoffe, die man in der Atmung und im Schweiß wiederfindet (Di Natale et al., 2003; Phillips et al., 2003); nun mussten die Wissenschaftler sich ein Experiment überlegen, mit dem sie den

Beweis erbringen konnten, dass Hunde wirklich in der Lage sind, diese Tumorgeruchsstoffe wahrzunehmen. Dies unternahm 2004 eine Gruppe von englischen Dermatologen um Carolyn Willis. Sie trainierten sechs Hunde unterschiedlicher Rasse und unterschiedlich alt, zwei Arten von Urin zu unterscheiden, und zwar von Patienten mit Blasenkrebs und von gesunden Menschen. Wenn der Hund eine Probe von einem Krebspatienten ausfindig gemacht hatte, musste er sich auf die Seite legen. In der eigentlichen Testphase hatten die Wissenschaftler 54 Urinproben von Krebspatienten und gesunden Menschen. Die Ergebnisse zeigen, dass Hunde die Urinproben der Krebspatienten mit einer Erfolgsquote fanden, die dreimal höher (41 %) lag, als wenn es reine Zufallstreffer gewesen wären (14 %). Die Ergebnisse waren hoch signifikant.

Obwohl Hunde dank ihres angeborenen Geruchssinns Krebsgewebe eigentlich bereits in kleinsten Mengen wahrnehmen müssten, glauben die Forscher, dass man die Erfolgsquote noch verbessern kann, wenn man Hunden mit besonders gutem Geruchssinn eine Spezialausbildung angedeihen lässt.

Fazit

Die besonderen Fähigkeiten von Hunden erstaunen uns immer wieder, denn verbunden mit ihrer Lernfähigkeit und ihrer Bindung an den Menschen kann man sie zu wahren „Gesundheitshilfen" machen. Natürlich kann man nicht alle Hunde in allen Familien zu diesen Kompetenzen verhelfen und nicht alle Hunde hätten dazu die Fähigkeiten. Gleichwohl, solche Arbeiten zeigen, dass wir nicht darauf verzich-

ten müssen, die versteckten Fähigkeiten eines unserer häufigsten Haustiere auszuprobieren. Sie haben bestimmt noch
andere ungeahnte Ressourcen, die es nur zu entdecken gilt.

26 Die genmanipulierte Katze
Haustierallergien beim Menschen

Man hört häufig, dass man lieber kein Haustier haben sollte,
wenn man ein Baby erwartet. Warum? Um das Risiko,
Allergiker zu werden, möglichst gering zu halten. Das galt,
bevor die Forscher sich richtig mit der Frage befasst hatten.

> Als man Babys von der Geburt an bis ins Alter von sieben
> Jahren beobachtete, haben Mediziner festgestellt, dass diese
> Vorstellung nicht zutraf und dass man eher vom Gegenteil
> ausgehen sollte. Sie hatten unabhängig voneinander zwei
> Babygruppen beobachtet. In der ersten Gruppe (ungefähr
> 180 Babys) lebten die Kinder mit mindestens zwei Haustie-
> ren (Hunden oder Katzen), in der zweiten Gruppe (220
> Babys) kamen die Kinder nicht mit Haustieren in Kontakt.
> Die Ergebnisse zeigen, dass im Alter von sieben Jahren bei
> den Kindern der ersten Gruppe das Risiko, Allergien zu ent-
> wickeln, halb so groß war wie bei den Kindern der zweiten
> Gruppe. Mithilfe von Hauttests stellte man fest, dass die
> Kinder, die mit Haustieren aufwuchsen, halb so oft Allergi-
> ker wurden wie Kinder, die ohne Hund oder Katze groß
> wurden.

Das liegt daran, dass das Risiko, Allergiker zu werden, umso
größer ist, je keimfreier die Umwelt ist. Nun, wenn in der
Familie ein oder zwei Haustiere leben, dann übertragen
diese im Kontakt mit Menschen, insbesondere mit Kin-

dern, Bakterien, die deren Immunsystem stärken, vor allem gegenüber Allergenen.

> Diese Ergebnisse wurden auch durch eine andere Studie bestätigt: Kinder, die in ihrem ersten Lebensjahr mit Haustieren leben, ziehen sich im Alter von sieben bis neun Jahren weniger als andere Kinder Erkältungen zu. Auch entwickeln sie im Alter von zwölf bis 13 Jahren seltener Asthma (Hesselmar, Aberg, Aberg, Eriksson & Bjorksten, 1999).

Fazit

Offenbar halten wir oft an völlig unbegründeten Vorstellungen fest – in Gesundheitsfragen genauso wie in vielen anderen Bereichen des Lebens. Forschungsarbeiten scheinen der verbreiteten Meinung über Katzen im Haus sogar zu widersprechen. Wohlgemerkt: Diese Ergebnisse geben nur Trends und Durchschnittswerte wieder und gelten nicht immer und überall. Es wird immer Menschen mit einer Katzenhaarallergie geben. Abgesehen davon – nichts ist verloren, selbst wenn Sie Allergiker sein sollten, wenn Sie Katzen lieben, aber „sensibel" auf Katzenhaar reagieren. Denn Forscher haben in einem amerikanischen Labor Katzen gezüchtet, die das Protein Fel D1, das als häufigstes Allergen gilt, nicht produzieren: hypoallergene Katzen! Es handelt sich hierbei um Katzen einer europäischen Rasse. Tests an Allergikern haben gezeigt, dass diese Katzen keine allergischen Reaktionen auslösten. Inzwischen kann man diese Tiere kaufen, und die Nachfrage ist so groß, dass das Labor Lieferschwierigkeiten und fast zwei Jahre Wartezeit hat. Wenn Sie Ihre „genmanipulierte Katze" schneller haben wollen, rechnen Sie mit 6000 Euro, dann haben Sie sie in einigen Monaten. Für diesen Preis ist Ihre Katze dann geimpft und hat ein Jahr Garantie!

4

Schluss mit den Antidepressiva! Ja zu Hunden, Katzen, Delfinen und Kaninchen

Inhaltsübersicht

Haustiere haben also eine positive Wirkung auf unser körperliches Wohlbefinden und auf einige unserer biologischen und physiologischen Parameter. Das ganz besondere Interesse der Wissenschaftler gilt indes ihrem Einfluss auf die Psyche. Unser Verhältnis zu manchen Tieren lässt sich nämlich mit keiner anderen normalen sozialen Beziehung vergleichen: Das Tier beurteilt uns nicht, es stellt keine Forderungen, es lässt sich in seiner Beziehung zu uns weder durch Stereotype noch durch bestimmte Überzeugungen oder Vorurteile beeinflussen. In vielen Situationen ist es da, verfügbar und freut sich, wenn wir ihm unsere Aufmerksamkeit schenken. Außerdem suchen viele Haustiere unsere Gesellschaft, sind Spielgefährten für uns und unsere Kinder. Sie erweisen sich auch als verlässliche Partner, wenn wir durch bestimmte Lebensumstände oder Krankheiten aus der Bahn geworfen wurden und sich unser Verhältnis zu anderen Menschen schwieriger gestaltet. Man weiß heute, dass viele Tiere für alte Menschen, Behinderte und für Kinder mit psychischen und psychomotorischen Problemen eine wertvolle Hilfe darstellen. Das Spektrum ihrer positiven Wirkung ist groß; sie tragen dazu bei, die Einsamkeit zu durchbrechen, können aber auch als Helfer in der Psychotherapie eingesetzt werden. Es wurde außerdem festgestellt, dass Tiere unsere berufliche Leistungsfähigkeit beeinflussen können. Aus all diesen Arbeiten geht deutlich hervor, dass unser Verhältnis zum Tier uns sehr viel stärker beeinflusst, als man annehmen sollte. Offensichtlich verändert uns das Tier, es gibt uns Halt und hilft uns, unser Leben angenehmer zu gestalten.

27 Verlassen worden? Schaffen Sie sich einen Hund an

Der Einfluss des Haustieres auf die Lebensqualität und bei Depressionen

Sie fragen sich, wann Sie sich einen Hund anschaffen sollen? Nun, der günstigste Zeitpunkt für den Kauf eines Tieres ist sicherlich dann gekommen, wenn es Ihnen schlecht geht. Es ist eine wissenschaftlich erwiesene Tatsache, dass Tiere, insbesondere Hunde, die negativen Auswirkungen von Stresssituationen (z. B. eines Trauerfalls, einer Scheidung) abmildern können. Ein Hund reduziert Angst und das Gefühl von Einsamkeit und Depression (Folse, Minder, Aycock & Santana, 1994; Garrity, Stallones, Marx & Johnson, 1989). Mit ihm fühlen wir uns selbstständiger und kompetenter, und unser Selbstwertgefühl steigt (Beck & Katcher, 1983; Triebenbacher, 1998). Wenn wir es genauer betrachten, bietet die Gesellschaft eines Hundes also sehr viele psychische Vorteile.

Wie kommt es, dass Hunde uns zu mehr Wohlbefinden verhelfen? Ganz einfach: Die Zuneigung, die sie uns schenken, ist bedingungslos; selbst der größte Idiot kann von seinem Hund geliebt werden. Außerdem sind sie treu. Wenn wir enttäuscht oder hintergangen wurden, neigen wir dazu, nicht mehr an die Aufrichtigkeit unserer Mitmenschen zu glauben. Der Hund an unserer Seite aber erinnert uns daran, dass nicht alle Lebewesen Verräter sind und dass wir auch weiterhin auf die grenzenlose Treue unseres Vierbeiners zählen dürfen. Unser Hund liebt uns, ohne Gegenliebe zu fordern, und damit trägt er dazu bei, unsere Selbstachtung zu stärken, ganz besonders dann, wenn diese auf den

Nullpunkt gesackt ist. „Eigentlich kann ich doch gar nicht so schlecht sein, wenn mein Hund mich immer noch liebt", könnte der deprimierte Mensch denken. Ein Hund hält uns auch davon ab, dass wir uns „in uns selbst verkriechen", wie es in solchen Fällen häufig geschieht und typisch ist für Depressionen, denn durch ihn fällt es uns leichter, mit anderen Menschen zu interagieren (McNicholas & Collis, 1998; Wells, 2004). Viele Therapeuten setzen heute übrigens sehr erfolgreich Haustiere ein, um die Symptome der Depression beim Menschen zu verringern (eine Metaanalyse findet sich bei Souter und Miller, 2007).

Durch die Analyse von Lebensberichten haben Psychologen versucht zu verstehen, wie groß der Einfluss von Hunden auf die Lebensqualität der betreffenden Personen war. In einer Studie haben sie Hundebesitzerinnen mit Frauen verglichen, die keinen Hund hatten, früher aber einmal einen besessen hatten. Die Frauen waren 50 Jahre alt und nahmen an einer Reihe von Gesprächen teil.

Die Forscher gelangten zu dem Schluss, dass der Hund
- die Frauen durch seine bedingungslose Liebe aufwertet;
- zur Besserung ihrer seelischen Gesundheit beiträgt;
- sich günstig auf die physische Gesundheit seiner Besitzerin auswirkt, weil er diese zwingt, mit ihm spazieren zu gehen und sich so zu bewegen;
- die sozialen Kontakte der Frauen vermehrt, zum Beispiel über Wanderklubs oder Spaziergänge im Park;
- ihre Lebensqualität steigert, weil sich die Frauen mehr geliebt, beschützt und weniger einsam fühlen.

70 % der Teilnehmerinnen waren der Meinung, ihr vierbeiniger Begleiter spiele für ihre Lebensqualität eine äußerst wichtige Rolle.

Außerdem betonten die Frauen, dass ihnen die bedingungslose Liebe ihres Hundes in Zeiten des Übergangs oder emotionaler Erschütterungen, wie Scheidung oder Tod, eine große Hilfe gewesen sei.

Manche Psychologen vertreten sogar die Auffassung, es sei sinnvoll, in therapeutischen Wohneinrichtungen für psychisch Kranke Haustiere einzusetzen oder zu halten. Sie haben nämlich festgestellt, dass sich die Tiere positiv auf die emotionale Stabilität der Patienten auswirkten und ihnen ermöglichten, Verantwortungsbewusstsein zu entwickeln und gesellschaftliche Beziehungen aufzubauen (Hunt & Stein, 2007).

Fazit

Anscheinend gibt uns das Tier durch seine beständige und urteilsfreie Zuneigung die notwendige Stabilität in jenen niederdrückenden Situationen des täglichen Lebens, die, wenn sie sich wiederholen oder andauern, zu schweren Konsequenzen führen und uns in die Depression abgleiten lassen können. Immer dann, wenn uns schwere Selbstzweifel plagen und wir das Vertrauen in uns oder unsere Mitmenschen verlieren, soll uns deshalb unser vierbeiniger Liebling helfen, den Gefühlsstürmen standzuhalten und Zustände der Depression zu meistern. Es wäre also vielleicht gar keine so schlechte Idee, einem Menschen, den wir lieben und dem es gerade schlecht geht, ein Tier zu schenken, selbst wenn böse Zungen möglicherweise behaupten, dass wir damit nur nach einem Ersatz für die gesellschaftliche Unterstützung suchen, die wir selbst nicht mehr leisten können. Anscheinend trifft das aber gar nicht zu, und das Tier erweist sich in solchen Situationen tatsächlich als sehr nützlich.

28 Das Tier in der Psychotherapie
Der Einfluss des Tieres auf die Reduktion seelischer Störungen

In zahlreichen Experimenten hat man versucht, mithilfe von Tieren den seelischen Zustand von Personen zu bessern, die sich aufgrund ernsthafter psychischer Probleme in stationärer Behandlung befanden. So zum Beispiel Herr X, ein 43-jähriger Mann, der unter Stimmungsschwankungen und vor allem unter Depressionen litt. Er wurde mehrmals in die psychiatrische Klinik eingewiesen, um zu verhindern, dass er seinem Leben ein Ende setzte, und um ihn medikamentös einzustellen (Sockalingam, Li, Krishnadev, Hanson, Balaban, Pacione & Bhalerao, 2008).

Nachdem Herr X auf der Straße überfallen und ihm sein wertvollster Besitz, eine Gitarre, gestohlen worden war, verfiel er erneut in eine über mehrere Wochen anhaltende Depression. Er wurde deshalb in eine psychiatrische Klinik aufgenommen. Herr X wies folgende Symptome auf: Er weinte viel und war schwermütig; er sprach kaum noch, sein Selbstwertgefühl wurde immer geringer, und er verlor zunehmend das Interesse an den Verrichtungen des täglichen Lebens. Er war ängstlich, litt unter Schlaflosigkeit und hatte Schwierigkeiten, sich zu konzentrieren. Außerdem war er unfähig, Entscheidungen zu treffen, und musste ständig bestätigt werden.

Aus seiner persönlichen Geschichte geht hervor, dass Herr X seine Mutter sehr früh verloren, häufig die Arbeitsstelle gewechselt und als Kind ein sehr gutes Verhältnis zu seinem Hund gehabt hatte, der aber schon lange tot war.

Die Ärzte verschrieben ihm ein Mittel zur emotionalen Stabilisierung: Lithium. Es zeigte keine Wirkung. Daraufhin verordneten sie ihm zusätzlich ein Antidepressivum (Desipramin-hydrochlorid, 200 mg täglich), aber auch das führte zu keiner Veränderung. Eines Tages trafen die Mitarbeiter des Pflegeteams eine recht eigenartig anmutende Entscheidung: Sie wollten einen therapeutischen Versuch starten und Herrn X einen Hund anvertrauen.

Das Tier namens Rudy wurde also Teil des Behandlungsplanes. Der Patient erhielt die Aufgabe, sich mehrere Stunden täglich um den Golden Retriever zu kümmern. Er musste für ihn sorgen, ihn füttern und ihn ausführen. Von nun an war Herr X für den Hund verantwortlich, und das drei Wochen lang. Eine Evaluation seines Gesundheitszustands nach Ablauf dieser Zeit zeigte in zahlreichen Bereichen eine erhebliche Verbesserung:

- Seine Stimmung hatte sich aufgehellt.
- Seine Lebenseinstellung hatte sich verbessert.
- Er hatte weniger Angst.
- Er äußerte sich häufiger spontan.
- Er schlief besser und konnte sich besser konzentrieren.

Herr X selbst stellte fest, dass die Spaziergänge mit dem Hund seiner körperlichen Verfassung guttaten, weil er sich täglich bewegen musste.

Und schließlich war zu beobachten, dass er sich nicht mehr so stark gesellschaftlich von den anderen, insbesondere von den Frauen isolierte. Der Hund verhalf ihm nämlich dazu, dass die Frauen auf ihn aufmerksam wurden (das Gleiche werden wir in Kapitel 5 noch einmal sehen). Herr X nahm wieder Kontakt zu ehemaligen Freunden auf und kommunizierte mit ihnen.

Außerdem begriff er, dass der Hund von ihm abhängig war, und das führte zu einer Steigerung seiner allgemeinen Selbstständigkeit. Sich gehen zu lassen, damit war nun Schluss! Früher war er unfähig gewesen, sich eine Wohnung zu suchen und die Anforderungen des täglichen Lebens alleine zu meistern. Durch den Hund hatte er es nun nicht mehr nötig, von den anderen bestärkt und für jede Kleinigkeit gelobt zu werden. Der Hund gab ihm sein Selbstwertgefühl zurück. Er war wieder jemand, und ein anderer brauchte ihn.

In einer anderen Studie (Kovacs, Rozsa & Rozsa, 2004) ging es um eine Gruppe von Patienten, die unter Schizophrenie litten und die von einer Therapie mithilfe von Tieren, in diesem Fall einem Hund, profitierten (tiergestützte Therapie oder Zootherapie). Die soziale Aktivität von chronisch schizophrenen Patienten ist sehr gering und geht noch mehr zurück, wenn sie stationär behandelt werden.

Die untersuchte Gruppe bestand aus sieben schizophrenen Personen (vier Frauen, drei Männer) im Alter von 30 bis 60 Jahren, die seit mehreren Jahren in einer Klinik in Budapest, Ungarn, lebten. Die Therapie mithilfe des Hundes erstreckte sich über neun Monate. Verschiedene Verhaltensweisen wurden zehn Tage vor der ersten Sitzung und zehn Tage danach gemessen. Es ging dabei um tägliche Verrichtungen der Patienten, wie die Fähigkeit zur geregelten Nahrungsaufnahme und Körperpflege, um Hausarbeiten, Gesundheit, den Umgang mit Geld, die Benutzung öffentlicher Verkehrsmittel, um Freizeitgestaltung und Arbeitssuche.

Die Behandlung erfolgte einmal wöchentlich über einen Zeitraum von neun Monaten. Jede Sitzung dauerte 50 Minuten und fand im Garten der Klinik oder im Zimmer des Patienten statt. Zu Beginn jeder Sitzung strich der Hund um den Patienten herum und forderte Zuwendung. Die

Patienten wurden dann aufgefordert, ihre Gefühle und ihre Gedanken mitzuteilen. Daraufhin folgten einfache oder komplexere Übungen mit dem Hund, die Reaktionen beim Patienten bewirken und die Freundschaft und Interaktion zwischen dem Menschen und dem Tier fördern sollten. Die Patienten mussten den Hund auch füttern, ihn bürsten und mit ihm Übungen machen. Das Ganze fand in einer spielerischen Atmosphäre statt.

Wie aus der Tabelle zu ersehen ist, waren nach Beendigung der Therapie signifikante Verbesserungen in den sozialen Fähigkeiten der Patienten zu verzeichnen.

Fähigkeiten	Verbesserung
Haushalt	ja
Gesundheit	ja
Freizeit	ja
Umgang mit Geld	ja
Benutzung öffentlicher Verkehrsmittel	ja
Essenszubereitung	ja
Körperpflege	ja

In einer weiteren Studie haben Psychologen die Wirkung der Zootherapie als Behandlungsmethode bei Angst gemessen. Sie untersuchten dazu 230 Klinikpatienten, die an einer Zootherapie teilgenommen hatten, um ihre Störungen zu verringern. Doch um herauszufinden, ob diese Therapie tatsächlich wirksamer war als andere Behandlungsformen, verglichen die Forscher die Wirkung dieser Therapieform mit der einer Freizeittherapiebehandlung.

Sie werteten deshalb den Grad der Angst der Probanden vor und nach den beiden Arten von Therapie aus. Die Patienten mussten ihre Gefühle mithilfe einer Angstskala bewerten. Bei den Patienten, die unter psychotischen Erkrankungen, unter Stimmungsschwankungen und anderen Störungen litten, stellten die Forscher nach der Zootherapie eine starke Verringerung der Angst fest. Nach der Freizeittherapie war lediglich bei den Patienten ein Rückgang der Angst zu verzeichnen, die unter Stimmungsschwankungen litten. Wir schließen daraus: Bei einer großen Anzahl psychiatrischer Erkrankungen ermöglicht die Zootherapie eine Reduzierung von Angst.

Fazit

Ein vierbeiniger Freund wirkt sich also unbestreitbar positiv auf die Linderung zahlreicher psychischer Störungen aus. Er verbessert das Wohlbefinden und reduziert viele seelische Symptome. Dies sollte das Pflegepersonal verstärkt im Auge behalten. Selbstverständlich muss eine solche Therapie machbar sein, und es sind dabei stets die Ziele sowie die Vorlieben und der Zustand des Patienten zu berücksichtigen (hat er Angst vor Hunden, Allergien usw.). Es ist auch darauf zu achten, dass nur Tiere eingesetzt werden, deren Verhaltensweisen mit der Therapie vereinbar sind (der Hund darf sich nicht irritieren lassen, er darf nicht aggressiv sein, und er muss den Befehlen des Menschen leicht gehorchen). Auf jeden Fall scheint es für die „Zootherapie" in der Klinik noch viele Einsatzmöglichkeiten zu geben.

29 Sollten wir unserem dreijährigen Sprössling ein Tier schenken?
Der Einfluss eines Haustieres auf die kindliche Entwicklung

Hat der Besitz eines Vierbeiners einen positiven Einfluss auf die kindliche Entwicklung? Oder anders ausgedrückt, tut es Kindern gut, wenn sie ein Haustier haben, etwa einen Hund, abgesehen davon, dass dieser sie unter Umständen auch einmal beißt? Die Antwort lautet eindeutig ja! Und das haben auch wissenschaftliche Untersuchungen bewiesen.

Im Jahr 1996 hat Professor Poresky von der Universität von Kansas ein Experiment durchgeführt. Er hat mehrere Faktoren untersucht, von denen man annimmt, dass sie die Entwicklung von Kleinkindern beeinflussen, so etwa die familiäre Umgebung oder die Tatsache, ob sie ein Haustier haben oder nicht. Zu diesem Zweck gelang es ihm, über eine Kleinanzeige in einer Lokalzeitung 88 Familien zu finden, die bereit waren, an dem Experiment teilzunehmen. Es handelte sich ausnahmslos um vollständige Familien bestehend aus Vater, Mutter und Kindern im Alter von drei bis sechs Jahren. Die Hälfte dieser Familien besaß kein Haustier, die anderen hingegen hielten sich entweder einen Hund oder eine Katze. Der Forscher befragte die Eltern und bat sie, verschiedene Fragebögen auszufüllen. Mithilfe dieser Fragebögen sollte eingeschätzt werden, wie sich die familiäre Umgebung in der Erziehung niederschlägt, wie sie die sozialen Kompetenzen der Kinder, ihre intellektuelle und motorische Entwicklung beeinflusst und wie sie ihr Verhältnis zu dem Haustier prägt.

Auch die Kinder wurden evaluiert. Der Forscher suchte sie zu Hause auf und unterzog sie Tests, die es ihm erlaubten, ihre verbale Intelligenz, ihre Wahrnehmungsfähigkeit sowie ihr Empathievermögen einzuschätzen.

Die Ergebnisse zeigten deutlich, dass sich der Besitz eines Haustieres positiv auf das Verhältnis der Kinder zu Tieren allgemein auswirkt. Anders ausgedrückt, Kinder, in deren Familie es einen Hund oder eine Katze gibt, verhalten sich gegenüber Tieren sehr viel freundlicher als Kinder, die kein Tier besitzen. Tendenziell zeigte sich auch, dass Kinder, die mit einem Hund oder einer Katze aufwachsen, einen um einige Punkte höheren Intelligenzquotienten (IQ) aufweisen als die anderen.

Außerdem empfinden die Eltern, deren Kinder an den Umgang mit einem Hund oder einer Katze gewöhnt sind, ihre Sprösslinge als empathischer als die Eltern, deren Kinder kein Tier besitzen. Die Untersuchung beweist tatsächlich, dass, statistisch gesehen, eine starke Verbindung besteht zwischen der Bindung des Kindes an sein Tier einerseits und andererseits der Empathie, die es gegenüber anderen Kindern unter Beweis stellt. Je enger die Beziehung zwischen Tier und Kind, umso einfühlsamer erweist es sich gegenüber anderen Kindern. Diese Ergebnisse bestätigen die aus anderen Studien (Melson, 2003).

Es besteht also eindeutig eine Beziehung zwischen unserem Verhältnis zu Tieren und der Empathie, die wir unseren Mitmenschen entgegenbringen.

Daly und Morton haben im Jahr 2006 eine Gruppe von 155 Kindern untersucht und aufzeigen können, dass

- Kinder, die Hunde und Katzen lieben, ein größeres Einfühlungsvermögen besitzen als solche, die angeben, sie hätten nur Hunde beziehungsweise nur Katzen gern;

- jene Kinder, die Hunde *und* Katzen besitzen, einfühlsamer sind als jene, die nur einen Hund oder eine Katze haben, oder als jene, die gar kein Tier besitzen;
- Kinder mit einer starken Bindung zu ihrem Haustier empathischer sind als die anderen;
- Mädchen einfühlsamer sind als Jungen – aber das ist ja nichts Neues!

Wussten Sie übrigens schon, dass ein Hund oder ein Goldfisch für Ihr Kind die gleiche Funktion erfüllen kann wie sein „Schmusekissen"? Zu diesem Schluss kommt eine Untersuchung, die an über 150 Kindern durchgeführt wurde (Kidd & Kidd, 1985). Die Ergebnisse zeigen, dass das Haustier ebenso ein Übergangsobjekt ist wie der Zipfel vom Schmusetuch, an dem Kleinkinder so gerne nuckeln.

An der Untersuchung nahmen 94 Jungen und 80 Mädchen einer französischen Ecole maternelle (Vorschule) teil, von denen 70 % Haustiere besaßen und 30 % nicht.

Mit jedem Kind wurden Einzelgespräche geführt über die freundschaftlichen Beziehungen zwischen Tieren und Menschen, darüber, was Kinder und Tiere gemeinsam unternehmen können und wie zwischen Mensch und Tier Gefühle kommuniziert werden. Die Analyse der Ergebnisse zeigte, dass die Kinder ihr Haustier als einen Freund empfinden, als ein vollwertiges Familienmitglied, als ein Wesen, mit dem sie sozial interagieren können, das ihnen Liebe schenkt, aber auch eine affektive Stütze ist. Für die Forscher ist die liebevolle Zuwendung des Kindes zu seinem Tier gleichbedeutend mit seiner Vorliebe für sein Übergangsobjekt. Demnach wäre das Tier also ein vollwertiges Schmusekissen!

Wenn man weiß, wie sehr Kinder Zuneigung brauchen, um ihre eigene Persönlichkeit zu entwickeln, wird verständlich, dass ein lieb gewonnenes Haustier an seiner Seite ihm eine wertvolle Hilfe dabei sein kann, diese Persönlichkeit auszubilden.

> Die Kinder sind sich übrigens bewusst, dass es durchaus vorteilhaft für sie ist, ein Haustier zu besitzen. Nur zehn von 300 dreizehnjährigen Kindern gaben an, dass es keinen Vorteil habe, eine Katze, einen Hund oder einen Hamster zu besitzen. Die anderen Kinder (90 %) sagten, dass sie von ihrem Tier lernen, dass es sie glücklich mache und ihnen bedingungslos Trost und Liebe schenke.

Fazit

Es hat also erwiesenermaßen zahlreiche Vorteile für das Kind, ein Haustier zu besitzen. Gewiss, ein solches Zusammenleben kann auch gewisse Risiken bergen, aber die Forschung scheint zu belegen, dass es sich auf die Entwicklung des Kindes und auf seine sozialen, persönlichen und kognitiven Fähigkeiten positiv auswirkt, wenn es mit einem Tier zusammen aufwächst. Daran sollte man vielleicht denken, wenn man beschließt, sich von seinem Tier zu trennen, weil sich ein Baby ankündigt.

30 Autismus – sind Tiere die besseren Therapeuten?

Die Auswirkungen eines Haustieres bei autistischen Störungen

Autismus ist eine immer häufiger anzutreffende Entwicklungsstörung. Ungefähr eins von 200 Kindern ist davon betroffen, Jungen sehr viel häufiger als Mädchen (ungefähr viermal häufiger). Und die Zahl soll noch steigen. In den USA leidet angeblich bereits ein Junge von 94 unter Autismus. Die Ursache für diese Störung ist nicht bekannt, aber fest steht, dass die davon betroffenen Kinder gravierende Anpassungsschwierigkeiten in ihrem sozialen Verhalten sowie Probleme in der verbalen und nonverbalen Kommunikation aufweisen. Diese Kinder leben in ihrer eigenen Welt und sind anderen Menschen gegenüber indifferent. Häufig zeigen sie stereotype Verhaltensweisen und wiederholen ständig die gleichen Bewegungen; auf visuelle, geschmackliche Reize sowie auf Gerüche reagieren sie sehr sensibel. Sie schreien oft, und jede Veränderung bereitet ihnen Angst.

Zahlreiche Behandlungsmethoden wurden ausprobiert, um das autistische Kind aus seiner Isolierung herauszuführen, unter anderem auch die Zootherapie, und das tatsächlich mit einem gewissen Erfolg. Im Jahr 2002 stellten Martin und Farnum fest, dass diese Kinder sehr viel häufiger sozial interagierten, wenn sie mit einem Hund in Kontakt gebracht wurden. In ihren Arbeiten beobachteten sie die Kinder unter drei verschiedenen Bedingungen: Einmal gaben sie ihnen ein nichtsoziales Spielzeug (einen Ball), einmal einen Stoffhund, und schließlich konfrontierten sie die Kinder mit einem echten Hund. Es stellte sich heraus, dass die Kinder in Gegenwart eines Hundes sehr viel fröhlicher und sehr viel konzentrierter waren und ihre soziale Umgebung bewusster wahrnahmen, als wenn man ihnen lediglich den Ball oder das Stofftier zur Verfügung stellte. Auch interagierten sie häufiger verbal mit dem Therapeuten und das auf einem höheren Niveau.

Jennifer Baról von der Universität von Neumexiko hat untersucht, wie sich tiergestützte Therapien als Behandlungsmethode für autistische Kinder auswirken. Ihre Arbeit erstreckte sich im Jahr 2006 über 15 Wochen. Sie wollte sehen, ob sich mithilfe von Zootherapien tatsächlich die sozialen Kompetenzen autistischer Kinder verbessern lassen. An ihrer Untersuchung nahm unter anderem ein fünfjähriger Junge namens Zachary teil, der große Kommunikationsschwierigkeiten hatte. Er bekam heftige Wutanfälle und hielt sich Augen und Ohren zu, wenn er frustriert war oder nicht verstanden wurde. Er spielte nicht mit den anderen und war noch nie in der Lage gewesen, einen vollständigen Satz zu bilden. Nachdem sie Zachary mit einem achtjährigen Hund namens Henry in Kontakt gebracht hatte, stellte die Forscherin eine deutliche Verbesserung im Verhalten des Kindes fest: Der Junge war sehr viel selbstsicherer geworden und zeigte viel mehr Bereitschaft, neue Erfahrungen zu machen, er war neugieriger und brachte für die Bedürfnisse der anderen mehr Verständnis auf. Im Fall von Zachary hat sich durch die Therapie mithilfe eines Tieres eine ganz neue Welt an Erfahrungen und Verständnis eröffnet.

In einer anderen Untersuchung, die Carenzi, Galimberti, Buttram und Prato-Previde (2007) durchgeführt haben, nahmen fünf autistische Kinder im Alter von drei bis fünf

Jahren an wöchentlichen Einzelsitzungen teil, zu denen der Psychologe einen Hund mitbrachte. Die Kinder wurden aufgefordert, sich mit dem Hund zu beschäftigen, mit ihm zu spielen. Die Forscher filmten diese Sitzungen und konnten zeigen, dass sich die Anwesenheit des Hundes positiv auswirkte. Insbesondere führte sie dazu, dass

- die Kinder häufiger dazu fähig waren, sozial zu interagieren;
- die sozialen Interaktionen in Gegenwart des Hundes länger andauerten;
- die Kinder besser mit dem Psychologen zusammenarbeiteten, wenn der Hund dabei war.

Diese Ergebnisse wurden durch eine Studie von Yeh (2007) an 33 autistischen taiwanesischen Kleinkindern bestätigt, die eine achtwöchige Zootherapie erhalten hatten. Nach dieser Therapie mit Hunden zeigten die Kinder erhebliche Verbesserungen in ihrer verbalen Ausdrucksfähigkeit. In Gesprächen ergriffen sie häufiger das Wort und hatten häufiger visuelle Kontakte (autistische Kinder weichen häufig dem Blick aus). Die Körpersprache der Kinder war ausdrucksstärker geworden, sie konzentrierten sich besser und baten öfter um Hilfe.

Fossati und Taboni (2007) stellten auf der 11. Internationalen Konferenz über Interaktion in Tokio ihre Arbeit zur Zootherapie vor. Darin befassten sie sich mit einem autistischen Kind, das große Probleme hatte, Beziehungen aufzubauen. Es schrie, war hyperaktiv, versuchte sich zu verletzen, indem es sich in die Hand biss, und es schlug mit dem Kopf gegen die Wand. Es sprach nicht, sondern kommunizierte nur durch Gesten und unter Verwendung symbolischer Zeichnungen. Zwei Jahre lang wurde das Kind beim Spielen in einem Kindergarten von einem Psychologen und dem Besitzer eines Hundes besucht. In den folgenden drei Jahren fanden diese Begegnungen in einer Grundschule statt, einmal pro Woche für eine Stunde. Insgesamt waren es ungefähr 50 Begegnungen. Bei den Hunden (die für diese Art von Einsatz geeignet waren) handelte es sich um eine sechsjährige Basset-Hündin und einen vierjährigen Samoyed-Rüden. Bei den Begegnungen waren auch andere Kinder im selben Alter anwesend. Mit der Arbeit in diesen Sitzungen sollte die Beziehung des autistischen Kindes zu seiner Umgebung verbessert werden, indem seine Aufmerksamkeit auf den Hund gelenkt wurde und es lernte, diesen zu streicheln, ihn zu bürsten, zu füttern und ihm zu trinken zu geben.

Die Therapie führte allmählich dazu, dass sich das Kind neben den Hund setzte und ihn immer häufiger anschaute. Es begann, ihn zu berühren, hielt aber sofort inne, sobald der Hund es anblickte.

Nach einem Monat blieb es fünf oder sechs Minuten lang auf dem Stuhl sitzen und streichelte die Basset-Hündin. Dabei hielt es die Bürste in der einen Hand und berührte das Tier mit der anderen.

Nach zwei Monaten waren die Forscher sicher, dass das Kind keine Angst vor Hunden hatte, und brachten den Samoyed-Rüden mit. Als das Kind diesen Hund sah, nahm es ihn sofort in die Arme und schrie vor Freude. Nach drei Monaten war es bereits 14 Minuten lang in der Lage, sich mit dem Hund zu befassen. Das Kind lernte, den Hund zu füttern und ihm Wasser zu geben, und zwar regelmäßig. Nach den ersten Jahren begannen die Forscher, vier Kinder im selben Alter zu diesen Sitzungen hinzuzuziehen. Im Laufe von zwei Jahren steigerten sie die Zahl der Kinder. Das autistische Kind lernte, sich zusammen mit den anderen an einen Tisch zu setzen, während der Hund auf dem Tisch lag. Die anderen Kinder bürsteten eines nach dem anderen das Tier und fütterten es mit Hundekuchen. Das autistische Kind lernte zu warten, bis es selbst an die Reihe kam. Es lernte aber auch, den Hund an einer doppelten Leine spazieren zu führen, wobei der Psychologe das eine Ende hielt und das Kind das andere. Alles in allem machte das Kind große Fortschritte, es kommunizierte und war in der Lage, über längere Zeit hinweg ein und derselben Tätigkeit nachzugehen. Es befolgte zunehmend die Anweisungen der Erwachsenen, es zeigte sich begeisterungsfähiger und bekam während der Sitzungen keine Wutanfälle mehr. Deshalb fasste es mit der Zeit auch mehr Vertrauen zu den anderen Kindern.

Fazit

Es gibt zahlreiche Studien, aus denen hervorgeht, dass sich Haustiere und Zootherapie auf autistische Kinder positiv auswirken. Die Haustiere können diesen Kindern dabei helfen, ihre soziale Isolierung zu durchbrechen, indem sie ihr Vertrauen, ihre Entscheidungs- und Problemlösungsfähigkeit sowie ihre sozialen Kompetenzen verbessern. Wie es scheint, sind Haustiere durch die Art und Weise, wie sie mit den Kindern interagieren und sich ihnen nähern, besonders gut geeignet, die sozialen Interaktionen der Kinder zu fördern: Im vorliegenden Fall hätten ein Erwachsener, oder zumindest bestimmte Erwachsene, bestimmt nicht so gute Resultate erzielt wie die beiden Hunde. Vielleicht liegt das Geheimnis dieser Therapien ja gerade darin.

31 Vergessen Sie Ihren Hund nicht, wenn Sie Oma besuchen
Der Einfluss von Besuchen mit Hund auf die Stimmung und die Gefühle von Bewohnern von Altenpflegeheimen

Sie werden sehen, dass ein Haustier das Leben seines Besitzers in ganz alltäglichen Situationen positiv beeinflussen kann, zum Beispiel dann, wenn es ihm zu mehr Kontakt zu anderen Menschen verhilft (Abschnitt 40). Was die Gesundheit betrifft, so wurden Therapien mithilfe eines Tieres oder Zootherapien bei zahlreichen Krankheitsbildern angewandt, und das häufig mit Erfolg. Und diese Erkenntnisse sind nicht neu! Der erste Artikel, der in den USA über den Einsatz von Tieren in der Krankenpflege veröffentlicht wurde, stammt bereits von Florence Nightingale, der Pionierin der modernen Krankenpflege (Nightingale, 1860/1969, zitiert von Jorgenson, 1997). Sie hatte beobachtet, dass ein Haustier häufig ein ganz ausgezeichneter Gefährte für kranke Menschen sein kann, ganz besonders dann, wenn deren Krankheit sich über einen langen Zeitraum erstreckt. Sie hatte sogar die Vermutung geäußert, ein kleiner Vogel im Käfig könne für einen Kranken, dem es jahrelang nicht möglich sei, seine Krankenstube zu verlassen, die einzige Freude sein, die er noch im Leben habe.

Eine kurze Geschichte des Einsatzes von Tieren zu therapeutischen Zwecken

Die ersten Versuche mit Klinikpatienten stammen aus den Anfängen des 20. Jahrhunderts. 1944 setzte man in einem „Farm Hospital" in New York Hunde zur Behandlung verwundeter oder unter Erschöpfung leidender Soldaten ein. Und 1961 stellte der Psychologe Boris Levinson, der mit Kindern arbeitete, auf einem Kongress der amerikanischen psychologischen Vereinigung eigenartige Beobachtungen vor. Er ergriff das Wort und sagte, er habe positive Veränderungen im Verhalten der Kinder beobachtet, wenn er seinen Hund mit in die Therapiesitzungen brachte. Die Kinder, von denen viele unter mutistischen Störungen litten, äußerten sich häufiger, und andere öffneten sich. Er prägte sogar den Begriff der „tiergestützten Therapie". Mit seinem Gedanken, einen Hund in die Therapie einzuführen, erregte er bei der wissenschaftlichen Gemeinschaft jedoch nur Heiterkeit. Entweder machten sich seine Kollegen über seine Arbeit lustig oder aber äußerten sich im besten Falle skeptisch. Doch hatte nicht auch Freud selbst immer seinen Hund im Ordinationszimmer bei sich, wenn er seine Patienten empfing, genauso wie Sullivan, einer der Väter der modernen Psychiatrie?

Infolge der Arbeiten von Levinson wurden Haustiere nach und nach in einer Vielzahl therapeutischer Situationen eingesetzt, und sie wirkten sich positiv auf die zu behandelnden Störungen aus. Hunde waren natürlich Gegenstand zahlreicher Untersuchungen. Aber auch Delfine wurden herangezogen, um depressiven Menschen zu helfen, aus ihrer Schwermut herauszufinden (Antonioli & Reveley, 2005); mithilfe von Pferden sollten Personen mit eingeschränkter Bewegungsfähigkeit lernen, das Gleichgewicht zu halten und ihren Muskeltonus aufzubauen (Bertoti, 1988). Selbst Kapuzineräffchen hat man dressiert, um Querschnittgelähmten (Tetraplegikern) zu helfen (Iannuzzi & Rowan, 1991). Die Tiere unterstützen die Menschen dabei, ihre Behinderungen zu überwinden und im Alltag unabhängiger zu werden. Das beste Beispiel hierfür sind wohl die Blindenhunde.

Das Tier und alte Menschen

Andere Psychologen interessierten sich mehr dafür, wie sich ein Haustier auf das Wohlbefinden von alten Menschen auswirkt (Ory & Goldberg, 1983).

Diese Frage hat insbesondere Lutwack-Bloom und ihre Kollegen (2005) von der medizinischen Hochschule von Miami interessiert. Sie haben sich gefragt, ob es die seelische Gesundheit von Altenheimbewohnern verbessern könne, wenn diese zwei- bis dreimal in der Woche mit einem Hund besucht würden. Nach dem Zufallsprinzip wählten die Forscher 68 Bewohner von zwei Altenpflegeheimen aus. 60 % waren Frauen und 40 % Männer, das Durchschnittsalter lag bei 70 Jahren. Die Aufenthaltsdauer im Altenheim war für alle teilnehmenden Personen die gleiche. Diese alten Menschen erhielten sechs Monate lang dreimal in der Woche einen 20-minütigen Besuch.

Bei den Besuchern handelte es sich jedes Mal um zwei andere freiwillige Mitarbeiter (insgesamt gab es zwölf Teams, die sich abwechselten, sodass die teilnehmenden alten Menschen alle Freiwilligen im Monat zu sehen bekamen). Den Versuchspersonen wurde gesagt, sie würden Besuch erhalten und könnten mit dem Besucher gemeinsam etwas unternehmen, auch zusammen mit dessen Hund. In Wirklichkeit wurde jedoch nur die Hälfte der Teilnehmer mit einem Hund besucht.

Die Altenpflegeheimbewohner wurden zwei Wochen vor dem Beginn der Untersuchung und zwei Wochen danach getestet. Dabei verwendete man zum einen eine Skala, um den Grad der „Altersdepression" einzuschätzen, und zum anderen eine zweite, mit der sechs affektive Dimensionen erfasst wurden (Unruhe, Mutlosigkeit, Wut, Kraft, Ermüdung, Verwirrtheit). Mithilfe dieser Skalen sollte ermittelt werden, ob es vor und nach der „Behandlung" einen Unterschied zwischen beiden Gruppen gab (zwischen jenen, die mit einem Hund besucht worden waren, und den anderen).

Die Ergebnisse zeigten in der Tat deutliche Auswirkungen auf die getesteten affektiven Dimensionen. Das geht aus der Tabelle hervor, in der die Veränderungsrate (vorher/nachher) aufgezeigt wird, je nachdem, ob der alte Mensch Besuch mit einem Hund erhalten hatte oder nicht.

	Gruppe mit Hund	**Gruppe ohne Hund**
Wut	+ 5,4 % (Verminderung)	keine signifikante Veränderung
Verwirrtheit	+ 78,0 % (Verminderung)	keine signifikante Veränderung
Mutlosigkeit	+ 45,0 % (Verminderung)	keine signifikante Veränderung
Ermüdung	+ 54,0 % (Verminderung)	keine signifikante Veränderung
Unruhe	+ 49,0 % (Verminderung)	keine signifikante Veränderung
Kraft	+ 4,7 % (Steigerung)	keine signifikante Veränderung

Wie man sieht, kann der regelmäßige Besuch mit einem Hund dazu beitragen, das emotionale Wohlbefinden von

Altenheimbewohnern zu verbessern. Die Autoren der Studie sind davon überzeugt, dass der Hund den Teufelskreis von Einsamkeit und gesellschaftlicher Zurückgezogenheit durchbrechen kann, der in Pflegeheimen so häufig zu beobachten ist. Vielleicht trägt die Gegenwart des Hundes auch dazu bei, dass die Altenheimbewohner wieder einen Sinn in ihrem Leben sehen, weil sie einem Lebewesen Zuwendung schenken können. Der Hund bereitet ihnen Freude. Er ist ein Schutzschild gegen Schüchternheit, und durch ihn sind sie wieder in der Lage, in Beziehung zu einem anderen Wesen zu treten. Er erleichtert es den alten Menschen auch, ihre Gefühle auszudrücken. Er ist sozusagen ein „Katalysator für menschliche Beziehungen".

In einer anderen Studie (Zisselman, Rovner, Shmuely & Ferrie, 1996) wurde das gleiche Verfahren bei zwei Gruppen von je 29 alten Menschen in psychiatrischen Einrichtungen angewandt. Bei 29 Teilnehmern setzten die Psychologen fünf Tage lang in einer jeweils einstündigen Gruppentherapie einen Hund ein. Die andere Gruppe (ebenfalls 29 Personen) erhielt die gleiche Behandlung, allerdings ohne Hund. Ziel dieser Untersuchung war es, die Auswirkung der Zootherapie auf Patienten der geriatrischen Psychiatrie zu evaluieren. Das Verhalten jedes Probanden wurde mithilfe verschiedener Tests vor und nach der Behandlung erfasst. Die Ergebnisse zeigten, dass demente Personen weniger reizbar waren, nachdem sie mit einem Hund in Kontakt gebracht worden waren.

Fazit

Man stellt also fest, dass sich die Gegenwart des Tieres auf alte Menschen positiv auswirkt, und dies selbst dann, wenn die Besuche nur sporadisch stattfinden. Deshalb ist es verständlich, dass sich Gerontologen wünschen, die Besucher von Altenheimbewohnern würden häufiger ihren Hund mitbringen. Verständlich ist aber auch, dass aus Hygienegründen und aus Gründen der Heimverwaltung das Mitführen von Hunden recht heikel ist. Der Nutzen scheint aber doch zu überwiegen, und es würde sich deshalb lohnen, wenn man unseren vierbeinigen Freunden in solchen Institutionen etwas wohlwollender begegnete.

32 Ein Grund zu leben
Der Einfluss des Haustieres auf den seelischen Zustand misshandelter Frauen

Bei schweren Problemen im Leben kann es eine wertvolle Stütze sein, ein Haustier zu besitzen. Fitzgerald verdanken wir Studien über sehr schwierige Themen, etwa darüber, welche Rolle ein Hund oder eine Katze im Leben von Frauen spielt, die Opfer von ehelicher Gewalt wurden. Sie führte Gespräche mit den Opfern von Gewalt und untersuchte, wie die Tiere das von den misshandelten Frauen erlebte psychische Leid lindern können.

Welche Vorteile kann uns ein Haustier bringen? Wenn wir Morley und Fook (2005) Glauben schenken, wirkt sich der Besitz eines Tieres in dreifacher Hinsicht positiv aus:

- Er wirkt sich positiv auf die physische Gesundheit aus.
- Er fördert die seelische Gesundheit (insbesondere die Emotionen).
- Er wirkt sich positiv in gesellschaftlicher Hinsicht aus (u. a. führt er zu vermehrten Interaktionen mit anderen Menschen und zu mehr Verantwortungsbewusstsein).

Die beiden letzten Punkte sind ganz besonders wichtig für Frauen, die von ihrem Partner misshandelt oder durch ihn gesellschaftlich isoliert wurden. Das Haustier bedeutet für sie einen echten psychologischen Halt. Es ist eine Quelle des Vertrauens, es baut Stress ab und reduziert Depression und Ängste. Das jedenfalls beweisen zahlreiche Studien, wie wir sehen werden.

Wer sind die missbrauchten Frauen? Es handelt sich um Frauen, die von ihrem Partner misshandelt wurden und die allgemein von der Gesellschaft isoliert sind. Vor allem sind sie sehr viel stärker suizidgefährdet als andere. Stark und Flitcraft (1996) zufolge wurden 80 % der Frauen, die versuchen, ihrem Leben ein Ende zu setzen, vergewaltigt oder geschlagen. Das bestätigen Golding (1999) sowie Debra, Kemball, Rhodes und Kaslow (2006).

In einer 2007 erschienenen Zeitschrift beschreibt Fitzgerald ihre Forschung zu diesem Thema. Sie hat über einen Zeitraum von acht Monaten hinweg 26 Bewohnerinnen eines kanadischen Frauenhauses befragt. Die einzige Voraussetzung für die Teilnahme an dieser Untersuchung bestand darin, dass die Frau in den schwierigen Zeiten der Beziehung zu ihrem gewalttätigen Partner ein Tier besessen hatte. Die Frauen waren durchschnittlich 37 Jahre alt und Mütter von zwei Kindern. Sie waren geschlagen oder vergewaltigt worden und im Allgemeinen auch verbalen Aggressionen sowie finanziellem (Diebstahl) und psychischem Druck ausgesetzt gewesen. Einige von ihnen besaßen eine Katze, andere einen Hund. In selteneren Fällen handelte es sich bei ihren Tieren aber auch um Fische, Kaninchen, Hamster, Chinchillas, Eidechsen und in einem Fall sogar um eine Ratte. Viele Partner hatten sich auch gegenüber dem Tier gewalttätig verhalten (Abschnitt 17). Einige hatten sogar gedroht, das Tier umzubringen.

Fitzgerald stellte fest, dass die Haustiere für diese Frauen zu einem integralen Bestandteil ihrer „Überlebensstrategie" geworden waren. Die Ergebnisse ihrer Studie zeigten, dass manche Frauen davon überzeugt waren, sie wären schon eher aus ihrem häuslichen Umfeld ausgebrochen, wenn sie nicht das Tier gehabt hätten.

Eine Frau namens Yvette schildert sehr anschaulich, welchen Halt ihr das Tier gab: „Mit meinem Hund konnte ich sprechen und ihm sagen, was ich fühlte. Ohne ihn wäre ich nie in der Lage gewesen, all das auszudrücken, was ich empfand. Stundenlang saß ich draußen neben ihm und merkte gar nicht, wie kalt es war. Es war so tröstlich. Hätte ich versucht, mit meinem Ehemann zu sprechen, so hätte der nur geantwortet: ‚Halt die Klappe, ich will das gar nicht hören, hör auf zu plärren!' Mein Hund aber schien sich richtig Sorgen um mich zu machen.

Nach einer Krebserkrankung fiel ich in eine Depression und wurde ins Krankenhaus eingeliefert. Dabei hatte ich heimlich meine Katze mitgenommen. Ich versteckte sie unter einer Decke und hielt sie die ganze Zeit verborgen. Aufgrund des Medikaments Prozac schlief ich fast ständig, und mein Kätzchen war immer bei mir. Es war gerade so, als wollte es mir sagen: ‚Ist schon in Ordnung, schlaf du nur, ich bleibe bei dir.' Ich spürte, dass es versuchte, mich zu beschützen und mir zu helfen. Ich glaube, wir beide verstanden uns sehr gut."

Wenn Gina auf ihren Partner wütend war, redete sie mit ihrem Hund, so wie mit einem vertrauten Freund. Auf diese Art und Weise vermied sie es, ihrem Gatten die Stirn zu bieten. Sie erklärte Fitzgerald: „Ich habe ihm nie etwas direkt ins Gesicht gesagt. Ich habe immer nur mit meinem Hund gesprochen. Mit ihm habe ich geredet wie mit einem Menschen."

Die Frauen brachten ganz deutlich zum Ausdruck, dass ihre Haustiere ihnen den notwendigen Halt gaben, um in der Situation der Gewalt auszuharren. Die Tiere machten die Lage für sie erträglicher. Eine Frau namens Vanessa gab an, ihr Tier sei für sie ein Grund gewesen, wieder nach Hause zurückzukommen. Manchen Frauen, so stellte Fitzgerald fest, half die Beziehung zu ihrem Tier, die Folgen des Missbrauchs zumindest zeitweise zu lindern. In sehr vielen Fällen hat das Tier, vor allem der Hund, die Frauen und ihre Kinder auch vor der physischen Gewalt durch ihren Peiniger beschützt. Die Frauen gaben an, die Hunde hätten gebellt und die Katzen miaut, wenn ihr Partner gewalttätig wurde. Die Tiere stürzten sich zwischen den Aggressor und sein Opfer, und in manchen Fällen griffen sie den aggressiven Partner sogar an.

Den Frauen zufolge waren die Tiere ihnen eine wertvolle Stütze. Yvette sagte, sie sei nur dank ihrer Tiere in der Lage gewesen, ihre Gefühle zu äußern. Kara meinte, ihre Katzen seien treuer gewesen als ihr Partner. Evelyne, Gina, Melissa, Thérèse und Yvette erzählten, auf welche Weise ihre Haustiere sie trösteten, wenn sie traurig waren. Sarah und Rachel beschrieben die Zeit, die sie mit ihren Tieren verbracht hatten, und wie viel besser sie sich danach fühlten. Lindsay, Vanessa und Whitney erklärten, ihr Tier habe ihnen ungeheuer dabei geholfen, die Leere der Isolierung auszuhalten, in die sie ihr gewalttätiger Partner gestürzt hatte. Manche der Teilnehmerinnen waren überzeugt, das Haustier sei auch ihren Kindern eine Hilfe gewesen. Ingrid war der Meinung, dass die Art und Weise, wie ihre Kinder mit dem damals kranken Hund umgingen, dazu beigetragen habe, in ihnen das Gefühl des Mitleids zu wecken, ein Gefühl, das ihnen ihr Vater nicht vermitteln konnte. Alle Frauen erklärten, das Tier habe ihnen Freude bereitet, es habe die Spannungen und den Stress gemildert, die mit dem von ihnen erlittenen Missbrauch verbunden waren. Manche der Teilnehmerinnen glaubten, ihre Tiere hätten sie davor bewahrt, in Depression und Verzweiflung zu verfallen. Einige gaben sogar an, ihr Tier sei manchmal der einzige Grund für sie gewesen, morgens aufzustehen, einfach weil sie es füttern mussten. Genau dieses Verantwortungsgefühl hat manche der Frauen davon abgehalten, sich das Leben zu nehmen. Die Partner waren sich übrigens durchaus bewusst, welchen Halt das Tier ihrer Frau gab. Eine Frau erklärte sogar, ihr Mann habe sie zuerst misshandelt und ihr dann Blumen geschenkt und dem Hund ein Steak mitgebracht, nur damit sie ihm wieder verzieh.

Noch etwas trug dazu bei, die Verbindung zwischen den Frauen und ihrem Tier zu stärken. Das Tier hatte nämlich häufig genauso unter der Gewalt des Partners zu leiden wie die Frau selbst, denn es wurde manchmal nicht anders behandelt als sie. Manche der gewalttätigen Ehemänner riefen ihre Frau sogar beim selben Namen wie den Hund. In einer anderen Studie hat beispielsweise Renzetti (1992) festgestellt, dass 40 % der misshandelten Frauen angaben, ihr Partner habe auch ihr Haustier geschlagen (Abschnitt 18). Diese Übereinstimmungen haben einen hohen Grad an Empathie für die Haustiere gefördert. Eine Frau namens Gina drückt es so aus: „Ich habe gesehen, wie er das Tier behandelte und wie er mich behandelte und ich habe gedacht, oh, das arme Wesen, es muss doch genauso fühlen wie ich."

Fitzgerald ist davon überzeugt, dass das Tier eine echte „Überlebensstrategie" für die Opfer von Gewalt ist. Eine der Frauen aus ihrer Studie hatte mit ihrem gewalttätigen Partner sogar einen Deal geschlossen. Sie war bereit, in Zukunft auf alle Geschenke zu verzichten, wenn er ihr nur „erlaubte", einen Hund zu haben. Eine der Frauen hatte sogar beschlossen, sich eine Katze anzuschaffen, obwohl sie unter einer Katzenallergie litt. Sie wollte einfach in den kritischen Augenblicken des Lebens einen Gefährten haben.

Fazit

Wahrscheinlich spielen Haustiere eine wichtige Rolle dabei, Frauen, die Opfer von Gewalt wurden, vom Suizid abzuhalten. Ein Schlüsselelement ist dabei die Beziehung der Frau zu ihrem Tier – eine Beziehung, die auf gegenseitiger Zuwendung und Unterstützung beruht. Es stimmt zwar, dass das Tier manchmal die Frauen daran hinderte, aus ihrer krank machenden Umgebung auszubrechen, aber es half ihnen auch standzuhalten, weil es ihnen ein Gefühl der Geborgenheit vermittelte. Die Teilnehmerinnen, die daran gedacht hatten, ihrem Leben ein Ende zu setzen, beschrieben nämlich, wie und warum die bloße Existenz ihres Vierbeiners sie daran gehindert habe, sich umzubringen, sei es weil sie sich für ihren Hund verantwortlich fühlten („Wer wird sich dann um ihn kümmern?") oder weil er ihnen den notwendigen affektiven und sozialen Halt gab, um am Leben zu bleiben. Fitzgerald weist darauf hin, dass aus der Literatur über misshandelte Frauen und Selbstmord hervorgeht, wie wichtig die soziale Unterstützung ist. Sie ist ein Schutzfaktor (das bestätigen Coker, Watkins, Smith & Brandt, 2003). Und schließlich zeigt Fitzgerald auf, dass Tiere ganz besonders gut geeignet sind, Frauen zu helfen, die Opfer von Gewalt wurden, denn Tiere urteilen nicht; sie haben häufig selbst unter der Gewalt des Aggressors zu leiden und können deshalb die Empfindungen der Opfer in hohem Maße teilen. Sie trösten sie, wenn niemand anderes mehr dazu in der Lage ist.

33 Rantanplan für Joe Dalton!
Der Einfluss der Beschäftigung mit Tieren hinter Gefängnismauern

Zur besseren Wiedereingliederung von Gefangenen in die Gesellschaft hatten einige Psychologen eine recht originelle Idee! Sie wollten Hunde in Einrichtungen des Strafvollzugs bringen und sehen, wie sich eine solche Maßnahme auf die psychische Gesundheit der Häftlinge und auf ihr Verhalten sowie ihre Zukunft nach der Entlassung auswirkt.

Der Gedanke, Vierbeiner in solchen Einrichtungen einzusetzen, ist noch recht neu. Die Insassen leiden tatsächlich manchmal unter psychischen Problemen, sie fühlen sich einsam, leugnen die Verantwortung für ihre Taten oder aber haben eine sehr geringe Selbstachtung. Außerdem weiß man, dass die psychische Not von Häftlingen in Gefängnissen und sonstigen Einrichtungen des Strafvollzugs sehr groß ist. Deshalb hat man mit Hunden, aber auch mit Wildpferden getestet, ob Tiere auf diese Population hinter Gefängnismauern eine therapeutische Wirkung haben können (Strimple, 2003).

In erster Linie hat man allerdings mit Hunden versucht, das psychische Wohlbefinden und die gesellschaftliche Wiedereingliederung von Straftätern zu verbessern. In einigen Fällen wurden die Teilnehmer aufgefordert, sich um ein ihnen anvertrautes Tier zu kümmern und es zu versorgen. In anderen Fällen ging es darum, ein Tier zu einem ganz speziellen Zweck auszubilden, so zum Beispiel zum Begleithund für alte Menschen oder Menschen mit Körperbehinderungen (Hines, 1983). Mit diesen Methoden wurden sehr positive Ergebnisse erzielt.

So hat eine Studie (Project POOCH = Positive Opportunities, Obvious Change with Hounds) belegt, dass sich das soziale Verhalten der Delinquenten unbestreitbar verbessert hatte, nachdem diese mit ausgesetzten und misshandelten Hunden in Kontakt gebracht worden waren. Bei den Gefangenen handelte es sich um junge Menschen, die in der Strafvollzugsanstalt von MacLaren in Woodburn, Oregon, einsaßen. Die meisten von ihnen waren für schwere Verbrechen verurteilt worden wie Mord und sexuelle Übergriffe. Sie wurden aufgefordert, sich um Hunde aus einem Hundeasyl zu kümmern, die häufig bereits 15 Jahre alt waren. Diese Hunde wiesen häufig selbst Verhaltensauffälligkeiten auf, sie bellten ungewöhnlich viel oder waren aggressiv.

Merriam-Arduini (2000) hat die Auswirkungen des POOCH-Projekts auf das Verhalten von inhaftierten Minderjährigen untersucht. Zwischen 1993 und 1999 konnte sie bedeutende Veränderungen im Verhalten der Teilnehmer aufzeigen. So bewiesen diese mehr Respekt gegenüber Autoritätspersonen als vorher, interagierten häufiger mit anderen, zeigten mehr Empathie für andere, ihr Vertrauen war gestiegen und sie waren stolzer geworden. Am erstaunlichsten jedoch ist Folgendes: Bekanntlich liegt die Rückfallquote von entlassenen Häftlingen normalerweise bei 60 %, bei denen jedoch, die an diesem Projekt teilgenommen hatten, lag sie bei 0 %! Auch in einer anderen Studie, bei der 68 Häftlinge einer Vollzugsanstalt in Wisconsin Hunde ausbilden mussten, stellte man fest, dass keiner von ihnen rückfällig wurde (Strimple, 2003).

Dieser Rückgang der Rückfallquote ist wahrscheinlich zum Teil darauf zurückzuführen, dass die Gefangenen eine höhere Selbstachtung entwickelt hatten. Es gibt erst sehr wenige Studien über den Einsatz von Haustieren in Gefängnissen. Eine der ersten auf diesem Gebiet ist die von Bustad

(1990): Hier ging es darum, dass in einer Erziehungsanstalt Hunde ausgebildet werden sollten. Nach Abschluss der Studie hatte man festgestellt, dass die Selbstachtung der inhaftierten Teilnehmer gestiegen war.

Dies scheinen auch die Arbeiten von Turner (2007) mit einem anderen Programm zu belegen, dem ICAAN (Indiana Canine Assistent and Adolescent Network). Die positiven Ergebnisse erklärte man sich damit, dass die Teilnehmer es als eine Ehre empfunden hatten, aus 1400 Häftlingen ausgewählt worden zu sein. Gewiss, die Zahlen aus dieser Studie sind mit Vorsicht zu genießen, denn die Anzahl der Teilnehmer war sehr gering (insgesamt nur sechs Personen). Dennoch sieht es so aus, als habe das Programm sowohl zu einer gesteigerten Selbstachtung als auch zu einer Verbesserung im Verhalten geführt. Denn Turner konnte ebenfalls feststellen, dass die ausgewählten Gefangenen mehr Geduld bewiesen und dass sie besser in der Lage waren, anderen zu helfen.

Wenn die Pflege des Tieres mit einer Aufgabe von großem sozialen Nutzen gekoppelt wurde, verstärkte dies den positiven Einfluss noch.

In Australien haben Wals und Mertin (1994) mit ihrer Arbeit versucht, den treuesten Freund des Menschen im Rahmen eines Programms zur gesellschaftlichen Wiedereingliederung von Frauen einzusetzen, die aufgrund mittelschwerer Straftaten inhaftiert waren (Diebstahl, Prostitution, Drogenmissbrauch usw.). Die Frauen sollten an der Ausbildung von Hunden teilnehmen, die dazu bestimmt waren, später alten Menschen oder solchen mit eingeschränkter Mobilität zu helfen.

Die Frauen waren allein für die Versorgung und die Ausbildung des ihnen anvertrauten Tieres verantwortlich. Die

Ausbildung des Hundes wurde von einem Spezialisten über-
wacht. Je nach Paar von Frau/Hund erstreckte sich dieses
Ausbildungsprogramm über einen Zeitraum von vier bis
zwölf Wochen. Vor und nach dem Programm wurden die
Teilnehmerinnen, die sich alle freiwillig zur Teilnahme bereit
erklärt hatten, einem Selbstachtungstest unterzogen (Coopersmith-Test); außerdem wurde ihr Depressionsgrad ermittelt (IPAT-Test). Die Forscher vermuteten, dass sich die Ein-
bindung dieser inhaftierten Frauen in ein derartiges
Programm positiv auf die beiden gemessenen psychischen
Dimensionen auswirken würde. Die Ergebnisse des Coo-
persmith- und des IPAT-Tests vor und nach dem Programm
sind in der Tabelle für jede einzelne Teilnehmerin aufgeführt.

Teilnehmerin	Coopersmith Selbstachtung		IPAT Depression	
	vorher	nachher	vorher	nachher
1	96	80	10	4
2	92	100	9	5
3	88	96	12	8
4	100	96	10	6
5	84	80	12	16
6	80	96	23	7
7	44	82	30	13
8	12	24	48	36

Ergebnisse des Coopersmith- und des IPAT-Tests vor und nach
dem Programm

Höhere Werte im Coopersmith-Test stehen für eine verbesserte Selbstachtung, geringere Werte im IPAT-Test bedeuten, dass sich die depressive Grundstimmung der Probanden verringert hat. Wie man sieht, hat das Programm, mit einer Ausnahme, der Teilnehmerin Nummer 5, bei allen positive Wirkungen erbracht. Ganz besonders beeinflusst es anscheinend die Psyche von Personen, deren Zustand zuvor besorgniserregend war (Teilnehmerinnen Nummer 7 und 8).

Fazit

Es mag zwar ungewöhnlich erscheinen, Tiere in Gefängnissen einzusetzen, die positiven Ergebnisse der verschiedenen Programme sind jedoch eindeutig. Es hat sicherlich zur Verbesserung der psychischen Gesundheit der inhaftierten Personen beigetragen, die an diesen Programmen teilnahmen, dass man ihnen, die sich für unnütz hielten, wieder eine Aufgabe gab, dass sie interagieren durften, ohne befürchten zu müssen, von anderen beurteilt zu werden, und dass von ihnen verlangt wurde, eine persönliche Verantwortung zu übernehmen. Das erklärt auch, warum die Rückfallquote später so gering war. Die angelsächsischen Länder (vor allem die USA) sind bekanntlich häufig Vorreiter bei der Erprobung neuer Methoden, mit denen verhindert werden soll, dass Straftäter rückfällig werden. In Europa hat man bisher noch nicht daran gedacht, Hunde (oder andere Tiere) in Gefängnissen einzusetzen. Doch angesichts der positiven Resultate, die diese Versuche erbracht haben, wird es sicherlich auch eines Tages bei uns so weit sein.

34 Ein Hundemodell

Die Wirkung eines Tierersatzes in der Behandlung von Phobien

In Abschnitt 46 werden wir sehen, dass sich ein Ersatz für ein Haustier nicht ebenso positiv auf das Annäherungsverhalten auswirkt wie das echte Tier. Daraus könnte man den Schluss ziehen, dass nichts mit dem echten Tier konkurrieren kann. Ja, das stimmt schon, doch wir dürfen nicht jene Menschen vergessen, die sich gerade vor dem echten Tier fürchten. Für genau diesen Personenkreis könnte es sich als positiv erweisen, auf einen Ersatz zurückzugreifen, um die Furcht vor dem realen Angstauslöser zu überwinden. Die Arbeiten über Therapien von Tierphobien zeigen, dass es sich in der Behandlung derartiger Phobien als nützlich herausstellen kann, ein künstliches Tier zu verwenden oder das reale Tier lediglich zu zeigen.

Die Arachnophobie (Angst vor Spinnen) ist zwar eine der häufigsten Tierphobien, doch bei Kindern ist bekanntlich die Angst vor Hunden (Cynophobie) in unterschiedlichem Ausmaß sehr weit verbreitet. Eines von drei Kindern in unserem Land leidet darunter. Katzen oder Vögel hingegen lösen seltener Phobien aus, und Goldfische so gut wie nie. Epidemiologische Studien haben ergeben, dass Phobien bei Kindern häufiger auftreten, in deren Familien es weder einen Hund noch ein anderes Haustier gibt. Außerdem ist es wahrscheinlicher, dass eines oder mehrere Kinder einer Familie unter dieser Störung leiden, wenn ein Elternteil Angst vor Hunden hat. Die Hundephobie in ihrer schwersten Form (wenn eine nicht zu unterdrückende Angst allzu starke Emotionen auslöst und zu unangemessenen Verhaltensweisen führt, durch die sich das Kind möglicherweise selbst gefährdet, etwa über die Straße rennt, ohne nach links und rechts zu schauen, irgendwo hochklettert oder ins Wasser fällt …) ist tatsächlich sehr problematisch, zumal sich die Konfrontation mit Hunden schwerlich vermeiden lässt.

Bandura und Menlove (1968) haben drei- bis fünfjährigen Kindern, die unter Hundephobie litten, Filme gezeigt, in denen ein Kind und ein Hund miteinander interagierten. Nach und nach wurde diese Interaktion immer intensiver (zum Schluss nahm das Kind den Hund in die Arme, und dieser leckte ihm das Gesicht ab). In einer anderen Versuchssituation zeigte man ihnen ebenfalls einen Film, aber diesmal waren mehrere Kinder und mehrere Hunde unterschiedlicher Größe und sehr unterschiedlicher Rassen zu sehen. Und in einer dritten Versuchssituation zeigte man den Kindern keine Darstellungen von realen Tieren, sondern Zeichentrickfilme. Bevor jedes Kind den Film zu sehen bekam, konfrontierte man es mit einem echten Tier (eine Mischung aus mittelgroßem Terrier und Cocker). Diese Prozedur wurde eine Stunde nach der Vorführung des Filmes und dann noch einmal einen Monat später wiederholt. Dann analysierte man das zu dem Zweck kodierte Verhalten des Kindes, um zu messen, wie hoch sein Vermeidungsgrad gegenüber dem Hund war. So führten etwa Schreie und eine unmittelbare Verzweiflung des Kindes zu einem Abbruch des Konfrontationsvorgangs mit dem Hund. Das ergab auf der Annäherungsskala den Wert 0. Nahm das Kind hingegen das Tier in den Arm, erhielt es den maximalen Wert. Die Ergebnisse aller drei Versuchssituationen zeigt die Grafik auf S. 142.

Wie man sieht, wirkt es sich positiv auf das spätere Verhalten des Kindes gegenüber dem Tier aus, wenn es zuvor Filme gesehen hat, in denen Kinder mit Hunden interagierten. In einer Kontrollgruppe, in der kein derartiges Modell verwen-

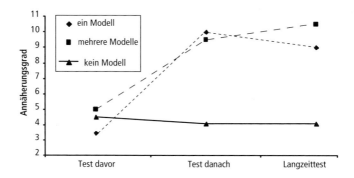

det worden war, hat sich das Verhalten der Kinder nicht geändert (siehe oben). Festzustellen ist weiterhin, dass der Annäherungsgrad sehr viel höher ist, wenn in den Filmen Kinder zu sehen waren, und vor allen Dingen dann, wenn dabei eine Gruppe von Kindern und eine Gruppe von Hunden miteinander interagiert hatten.

Die symbolische Darstellung einer gelungenen Interaktion mit dem Tier im Film hat also positive Auswirkungen auf Kinder, die unter Hundeangst leiden. Diese Methode des virtuellen Flooding, einer Art Reizüberflutung durch die kombinierte Konfrontation mit einem Modell einerseits und dem Angst auslösenden Tier andererseits, erweist sich in diesem Fall als sehr erfolgreich. Bei diesen Kindern kann es von Vorteil sein, sie mit dem Tier in einer irrealen Form zu konfrontieren.

In einer eigenen Studie zur Konfrontationstherapie haben wir (Guéguen & Ciccotti, in Vorbereitung) Kinder zunächst an den Roboter Aibo gewöhnt (Abschnitt 46). Gewiss war uns klar, dass nichts so gut wirken würde wie ein lebendiges Tier, aber in diesem Fall war das schwierig, denn wir hatten es mit drei- bis fünfjährigen Kindern zu tun, die sich vor dem lebenden Tier fürchteten. Im Verlauf von acht 20-minütigen Sitzungen haben wir die Kinder zunächst mit dem kleinen Hunderoboter vertraut gemacht, indem wir sie spielerisch mit ihm interagieren ließen. Wir haben sie auch aufgefordert, den Roboter zu streicheln, ihn zu liebkosen und sich an der Wartung des Spielzeugs zu beteiligen (zum Beispiel musste die Karosserie des Roboters gereinigt werden). Kinder in einer anderen Gruppe bekamen genau die gleichen Aufgaben, nur hatte ihr Roboter eine menschenähnliche Form.

Nach diesen Sitzungen brachten wir einen echten Hund mit (einen Mischling mit großem Pyrenäenhund-Anteil, ein mittelgroßer Hund mit mittellangem Fell, der von Kindern, die sich vor Hunden nicht fürchten, im Allgemeinen spontan gemocht wird) und banden ihn in einer Ecke des Zimmers an. In der Mitte des Raumes lagen auf einem 1,5 Meter langen Regal verschiedene Spielsachen. Einige davon befanden sich nur einen Meter vom Hund entfernt. Wir beobachteten dann, wie sich die einzelnen Kinder verhielten, die sich zunächst zusammen mit einer jungen Frau in der gegenüberliegenden Zimmerecke aufhielten.

Es zeigte sich, dass sich die Kinder aus beiden Gruppen vor dem lebendigen Hund fürchteten, allerdings wurden große Unterschiede zwischen den Gruppen beobachtet. Nur 13 % der Kinder, die zuvor mit Aibo vertraut gemacht worden waren, liefen aus dem Zimmer. Aus der anderen Gruppe waren es 31 %. Nach einer zwölfminütigen Beobachtungsphase konnte man sehen, dass sich die Kinder nicht gleich verhielten, wenn sie dem Reiz der Spielsachen nicht mehr widerstehen konnten. Beschäftigten sich die Kinder aus der Aibo-Gruppe mit einem Spielzeug, befanden sie sich durchschnittlich 1,41 Meter vom Hund entfernt. Die Kinder aus der anderen Gruppe näherten sich ihm nur auf 1,96 Meter an. Außerdem nahmen nur 7 % der Kinder aus der Aibo-Gruppe die Spielsachen mit in ihre Ausgangsecke zurück, wohingegen es in der anderen Gruppe 22 % waren. Auch blickten die Kinder aus der Gruppe, die zuvor an den menschenähnlichen Roboter gewöhnt worden waren, häufiger und länger zu dem Hund hinüber als die aus der Aibo-Gruppe – und blieben also wachsamer.

Es ist also festzustellen, dass keines der Kinder in dieser Untersuchung den Hund berührt hat, keines hat ihn gestreichelt oder auch nur mit ihm gesprochen. Dennoch hat sich die vorgeschaltete Phase, in der die Kinder mit einem Hundeersatz konfrontiert worden waren und mit ihm interagieren konnten, in gewissem Sinne positiv auf ihr Verhalten ausgewirkt. In dieser Studie hat sich der Umgang mit einem Hunderoboter als wirksamer erwiesen, um die Angst der Kinder zu reduzieren, als die Konfrontation mit dem echten Tier.

Fazit

Eine Phobie ist schwer zu korrigieren, und dies gilt ganz besonders für die Hundephobie, denn die Wahrscheinlichkeit, dass wir mit einem Hund konfrontiert werden, ist viel höher als bei anderen Tieren (z. B. einer Maus). Erfolge werden sich, wie man sich denken kann, auch nicht rasch einstellen. Dennoch ist festzustellen, dass man die Angst und die Panik des Kindes mit einfachen Dingen reduzieren kann. Als Ergänzung anderer Formen der Behandlung der Phobie, zum Beispiel der Verhaltenstherapie und der kognitiven Verhaltenstherapie (KVT), ist dies sogar zu Hause möglich. Selbstverständlich ist ein Tierersatz von geringerem Nutzen als ein lebendiges Tier, aber es versteht sich von selbst, dass es sich unter gewissen Umständen als notwendig erweisen kann, darauf zurückzugreifen. Das, was sich bei Kindern, die keine Angst vor Tieren haben, als nützlich erweist, nämlich der lebendige Hund, scheint bei Kindern, die unter einer Tierphobie leiden, gerade problematisch zu sein.

35 Nichts wie rauf aufs Pferd!
Der Einfluss des Umgangs mit Pferden auf das physische und psychische Wohlbefinden

Das Pferd, die edelste und schönste Eroberung des Menschen, die ihm seine gesellschaftliche Entwicklung bis ins Maschinenzeitalter hinein ermöglicht hat, erweist sich auch als ein wertvoller Helfer in der Therapie. Die sogenannte Reittherapie beziehungsweise die durch das Pferd gestützte Therapie oder Hippotherapie erfreut sich heute großer Beliebtheit und erzielt nachweislich gute Erfolge. Die Untersuchungen auf diesem Gebiet zeigen, dass das Pferd keineswegs nur ein Muskelberg ist, der dem Menschen in Zeiten geholfen hat, als ihm noch keine modernen Maschinen zur Verfügung standen.

Davis und ihre Mitarbeiter (2009) haben die Wirkung der Reittherapie getestet. Sie haben evaluiert, welche Wirkung das Reiten auf Kinder hatte, die unter zerebraler Lähmung unterschiedlichen Schweregrades litten. Als zerebrale Lähmung bezeichnet man eine Gruppe von neurologischen Störungen, die von Geburt an bestehen oder aber in den ersten drei Lebensjahren in Erscheinung treten. Das Spektrum reicht vom Schielen über Krämpfe bis hin zu ständiger Muskelsteifheit. Die Kinder nahmen zehn Wochen lang in einer geschlossenen Gruppe an Reitstunden teil, und zwar auf Pferden, die für diese Art von Klientel besonders gut geeignet waren (ruhige und sanftmütige Pferde mit weicher Gangart). Die Forscher verglichen dann diese Kinder mit einer Gruppe anderer Kinder, die unter gleichwertigen Störungen litten, aber keine Reitstunden erhielten. Mittels einer kombinierten Skala wurden das psychische und das physische Wohlbefinden, die Stimmung und die Selbstwahrnehmung ermittelt, und es zeigte sich ein Unterschied zugunsten der Kinder, die Reitstunden erhalten hatten. Nach Ansicht der Forscher hat die durch das Pferd und das Reiten ausgelöste Stimulation der Nerven (Kontrolle des Gleichgewichts) dazu beigetragen, dass sich bei diesen Kindern eine Verbesserung in der Kontrolle ihrer Bewegungen und der Muskelaktivität einstellte. Dadurch verbesserten sich auch ihre physischen Fähigkeiten, was sich wiederum auf die psychischen Variablen auswirkte: Das Reiten führte zu einer verbesserten Selbstwahrnehmung und einer allgemein guten Stimmung (es ist schließlich nicht einfach, auf ein Pferd zu steigen).

Andere Untersuchungen bestätigten diese Ergebnisse. Ventrudo (2006) bat die Eltern von Kindern mit solchen Störungen, vor und nach deren Teilnahme an den wöchentlichen Reitstunden einen Fragebogen auszufüllen. Damit konnte sie aufzeigen, dass sich die physischen, kognitiven, sozialen und emotionalen Fähigkeiten der Kinder verbessert hatten.

Im Falle von Essstörungen scheint das Pferd ebenfalls ein wertvoller Helfer zu sein. So haben Lutter (2008) und Mitarbeiter im Rahmen eines Sportprogramms für Jugendliche mit gestörtem Essverhalten (Anorexie, Bulimie …) auch ein Pferd eingesetzt. Nach 30 Tagen stellten sie bei den Probanden eine klare Verringerung des Depressionsgrades sowie eine Verbesserung ihres Essverhaltens fest.

Das Pferd erweist sich auch als ein interessanter Helfer im Rahmen der Prävention von Straftaten. Foley (2008) hat amerikanische Jugendliche begleitet, die straffällig geworden und inhaftiert worden waren. Sie nahmen außerhalb der Anstalt an einem Programm teil, bei dem sie mit Pferden Umgang hatten und sich um diese kümmern mussten. Die Ergebnisse zeigten, dass die Teilnahme zu einem Rückgang problematischer Verhaltensweisen (Prügeleien) und zu einer besseren emotionalen Kontrolle führte (weniger Wutanfälle). Es wurde auch beobachtet, dass sich die negative Grundeinstellung der Jugendlichen in dieser Gruppe gegenüber der Strafanstalt verbessert hatte: Sie konsumierten weniger Drogen innerhalb der Einrichtung und unternahmen weniger Fluchtversuche.

Russell-Martin (2006) zeigt, dass die Reittherapie auch im Rahmen einer Paartherapie Anwendung finden kann. In dieser Untersuchung unterzogen sich Ehepaare, die gerade eine schwierige Phase in ihrer Beziehung durchmachten, entweder einer klassischen Paartherapie in der Praxis des Therapeuten, oder aber ihre Therapiesitzungen fanden im Anschluss an Reitstunden statt, an denen beide Ehepartner gemeinsam teilgenommen hatten. In beiden Gruppen füllten die Ehepartner nach sechs Sitzungen eine Skala aus, mit der gemessen werden sollte, wie sich die Partner einander angenähert hatten und inwieweit sie den jeweils anderen verstanden und seine Wünsche und Bedürfnisse kannten. Ein hoher Wert bedeutete eine hohe Übereinstimmung zwischen den beiden Ehepartnern (ein Wert von 0 drückte aus, dass die beiden nichts mehr miteinander verband). Die Ergebnisse zeigt die Grafik auf S. 148.

Wie man sieht, zeigen die Ehepaare, die zusätzlich zur Therapie Reitstunden erhalten haben, einen höheren Grad an Annäherung. Nach Ansicht der Forscher hat die mit dem Pferd verbrachte Zeit die Ehepartner dazu angeregt, Erfahrungen auszutauschen und über für sie neue Empfindungen zu sprechen. Das wiederum hat die Erinnerung an schöne

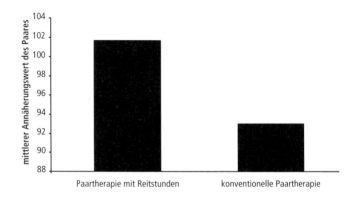

gemeinsame Unternehmungen aus früheren Zeiten wachgerufen.

Fazit

Paartherapie, Prävention von Straftaten, Hilfe für Schwerbehinderte …, das Spektrum für den Einsatz des Pferdes scheint breit zu sein. Die Forscher sind überzeugt, dass das Pferd ebenso wie der Hund einen ganz besonderen Platz in unserem Herzen einnimmt. Das Jahrtausende alte Verhältnis zwischen Mensch und Pferd macht dieses zu einem uns sehr nahe stehenden Partner. Außerdem glauben sie, dass sich dessen Wesensart sowie unser Kontakt zu ihm, wenn wir es streicheln oder auf seinem Rücken sitzen, positiv auf unsere Mobilität, unsere Haltung und unsere Muskelkoordination auswirken. All das zusammen kommt uns also sehr zugute.

36 Der „Helfer" aus dem Meer

Die therapeutische Wirkung der Interaktion von Mensch und Delfin

Unter all den Meeressäugetieren gibt es eines, das unbestreitbar einen ganz besonderen Platz im Herzen des Menschen einnimmt: der Delfin. Diese besondere Stellung und die Zuneigung, die wir ihm entgegenbringen, verdankt er unserem Eindruck, dass er die Nähe des Menschen sucht. Hinzu kommt der Einfluss gewisser Kultserien im Fernsehen (z. B. *Flipper*) und die Tatsache, dass er als der intelligenteste Meeressäuger gilt. Aufgrund seiner Lernfähigkeit, seiner Freude am Spiel und seiner Nähe zum Menschen ist er tatsächlich auf ganz natürliche Weise zu einem Helfer in der Therapie geworden (Delfintherapie). Natürlich steht er nicht mit vier Beinen auf der Erde wie das Pferd oder der Hund, denn schließlich lebt er im Wasser, aber das verleiht ihm einen anderen Vorteil, denn auch das Wasser ist ein bevorzugtes Therapieelement.

Ein Blick auf die Forschung zeigt allerdings, dass wir uns nicht der Illusion hingeben dürfen, der Delfin könne all unsere Probleme lösen. Schon gar nicht, wenn es sich um ernsthafte Störungen handelt. Dennoch hat man mithilfe dieses Meeressäugers raschere Erfolge erzielt als mit konventionellen Methoden.

Nathanson, de Castro, Friend & McMahon (1997) haben die Ergebnisse einer mehrmonatigen konventionellen Therapie mit körperlicher Stimulation und Spracherwerbstraining mit denen von zwei Wochen Delfintherapie verglichen. Kinder im Alter von zwei bis 13 Jahren, die unter schweren, häufig genetisch bedingten Störungen litten, welche zu gra-

vierenden Rückständen in der geistigen Entwicklung führen
(z. B. Angelman-Syndrom, Down-Syndrom, Rett-Syndrom,
Katzenschrei-Syndrom, verschiedene Formen von Autismus),
sollten mit bestimmten Methoden Wörter erlernen (z. B.
sollten sie lernen, das Wort „Ball" auszusprechen) oder aber
physische Kompetenzen erwerben (hierbei ging es darum,
einen einfachen Gegenstand zu berühren). Die Therapie mit
den Delfinen fand täglich statt, dauerte ungefähr 40 Minuten, und das Kind sollte dabei im Schwimmbecken lernen,
einen Gegenstand zu berühren oder ihn zu benennen (z. B.
einen auf dem Wasser schwimmenden Ball). In den sechs
Monaten vor dem Kontakt mit den Delfinen waren diese
Kinder mit einer konventionelleren Therapie zum Erwerb
dieser beiden Fähigkeiten behandelt worden. Das ermöglichte einen Vergleich der Lerngeschwindigkeit.

Nach zwei Wochen Interaktion mit einem Delfin waren
71 % der Kinder in der Lage, einen ihnen vorgegebenen
Gegenstand zu berühren (durchschnittlich nach 13,4 Tagen,
d. h. gegen Ende der zweiten Woche). Im Rahmen der konventionellen Therapie hingegen hatte dies keines vermocht.
Die Ergebnisse zeigten auch, dass die Interaktion mit den
Delfinen das Erlernen eines ersten Wortes oder eines kurzen
Satzes nach zwei Wochen ermöglichte (im Durchschnitt
nach 11,4 Tagen, d. h. in der Mitte der zweiten Therapiewo-
che). Nach sechs Monaten konventioneller Therapie hingegen war wiederum keines der Kinder dazu in der Lage gewesen.

Nach Ansicht der Forscher sind diese Resultate der Tatsache zu verdanken, dass vom Delfin einerseits ein Stimulus
ausgeht (er weckt die Aufmerksamkeit, er beschäftigt sich
mit uns, er regt an, …) – wie in der konventionellen Therapie auch –, dass er aber zusätzlich über die Fähigkeit verfügt,
diese Stimulation mit einer Motivation des Kindes zu verbinden: Der Delfin motiviert das Kind, etwas zu tun. Dem

Therapeuten in der konventionellen Therapie gelingt dies indes nicht. Diese beiden Elemente zusammengenommen, das heißt die vom Delfin ausgehende Stimulation und die Motivation, sind demnach die notwendigen Bedingungen für die beobachteten Fortschritte.

Es sei jedoch darauf hingewiesen, dass die Forscher auch vermuten, dass es während der Interaktion mit den Delfinen zu inneren kognitiven Veränderungen kommt und dass die Motivation allein nicht ausreicht, um diese unterschiedlichen Ergebnisse zu erklären. Nathanson (1998) hat die Eltern von Kindern befragt, die an einer zweiwöchigen Delfintherapie teilgenommen hatten. Zwölf Monate später wollte er wissen, ob sich die erzielten Fortschritte und die Fähigkeiten über die Zeit hinweg gehalten hatten. Es zeigte sich, dass der positive Effekt einer Delfintherapie in der Mehrzahl der Fälle aufrechterhalten werden konnte. Außerdem wurde beobachtet, dass die Gruppen, die eine zweiwöchige Therapie erhalten hatten, langfristig bessere Ergebnisse zeigten als jene, die nur eine Woche mit den Delfinen interagiert hatten.

Auch bei weniger gravierenden Krankheitsbildern und eher psychischen Problemen zeigen die Studien eine positive Auswirkung der Interaktion mit den Delfinen. Antonioli und Reveley (2005) haben verschiedenen Gruppen von Personen mit depressiven Symptomen vorgeschlagen, entweder mit Delfinen zu interagieren oder aber an einem Programm zur ökologischen Sensibilisierung teilzunehmen. Die Teilnehmer der ersten Gruppe bekamen die Möglichkeit zum Umgang mit Delfinen, die in Gefangenschaft gehalten wurden und an den Umgang mit Menschen gewöhnt waren. Sie durften mit ihnen gemeinsam schwimmen und sich um sie zu kümmern. Die Teilnehmer der anderen Gruppe erhielten ebenfalls die Möglichkeit, im Meer zu schwimmen, und zwar in einem außergewöhnlich schönen Korallenriff. Sie wurden für die Bedeutung dieses Riffes und die Art und

Weise seiner Erhaltung sensibilisiert. Vor und nach dieser Phase wurden alle Probanden getestet, zum einen mit dem Beck-Depressionsinventar, mit dem ihr Depressionsgrad bestimmt werden sollte, und zum anderen mit einer Skala zur Evaluierung ihrer Angst. Die Ergebnisse beider Gruppen sind in der Tabelle aufgeführt.

	Delfingruppe		Korallenriffgruppe	
	vorher	**nachher**	**vorher**	**nachher**
Depressions-grad	20,27	6,87	18,80	12,73
Grad der Angst	42,87	33,07	43,20	37,47

Mittlerer Depressionswert und Grad der Angst

In beiden Gruppen zeigte sich eine positive Wirkung. Allerdings waren die Erfolge bei den Personen, die mit den Delfinen zusammen schwimmen durften, größer als bei den anderen, obwohl der Ort, an dem sie schwammen, so traumhaft schön war. Die Forscher vermuten, dass die Interaktion mit den Delfinen einen höheren ästhetischen Wert besaß und intensivere positive Gefühle auslöste, weil das Tier so verspielt und geduldig ist und nicht urteilt. Außerdem nehmen sie an, dass das System der Echoortung des Delfins eine Art von Kommunikation zwischen dem Tier und dem Menschen möglich macht. Das Tier sende möglicherweise Aufforderungen aus, die als solche vom Menschen verstanden werden. Zudem reduziere die Nähe des Tieres zum Menschen unter Umständen die Angst der Patienten vor dem Wasser.

Nie ohne meinen Delfin

Wie wir gesehen haben, erweist sich der Delfin als ein wertvoller Helfer in der Therapie. Man sollte nun jedoch nicht glauben, dass sich die Interaktion mit diesem Tier lediglich auf Menschen mit körperlichen oder geistigen Behinderungen oder aber psychischen Schwierigkeiten positiv auswirkt. Auch Menschen, die nicht unter derartigen Problemen leiden, profitieren von der Interaktion mit ihm.

Webb und Drummond (2001) haben Erwachsene aufgefordert, die von sich behaupteten, keine besonderen körperlichen oder psychischen Probleme zu haben, in einem Schwimmbecken zu schwimmen. Je nach Versuchsgruppe befanden sich in dem Becken Delfine oder nicht. Die sorgfältig ausgewählten Probanden waren es gewöhnt zu schwimmen und hatten keine besondere Angst vor dem Wasser. Vor und nach dem Schwimmen wurden sie gebeten, mithilfe eines Evaluationsrasters anzugeben, wie hoch ihr Angstgrad gewesen sei. Mit diesem Raster ließ sich dann ein Angstwert berechnen. Die Versuchspersonen sollten ebenfalls angeben, wie hoch sie den Grad ihrer körperlichen Bewegung und den ihres psychischen Wohlbefindens einschätzten. Den jeweiligen Angstgrad zeigt die Grafik auf S. 154.

Es ist festzustellen, dass allein das Schwimmen keinerlei Auswirkung auf den von den Versuchspersonen empfundenen Angstgrad hat. Offensichtlich bedarf es der Gegenwart der Delfine, um einen Entspannungseffekt zu erzielen. Die übrigen Messungen des physischen und psychischen Wohlbefindens bestätigten die wohltuende Wirkung der Delfine.

Die Interaktion mit den Delfinen hat also eine therapeutische Wirkung – doch damit nicht genug. Es hat sogar den Anschein, als besäßen die Tiere so etwas wie ein therapeuti-

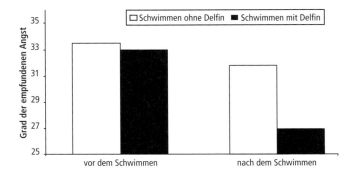

sches Gespür. Studien haben nämlich gezeigt, dass sie den Menschen zu Hilfe kommen, die sie am meisten zu brauchen scheinen.

Brensing und Linke (2003) haben Delfine in Gefangenschaft eingesetzt, die nicht zu therapeutischen Zwecken dressiert worden waren. Diese Tiere setzte man zu Kindern mit verschiedenen körperlichen und geistigen Behinderungen (z. B. Autismus, Epilepsie, spastische Lähmung, Ataxie, Telangiektasie-Syndrom) in ein Schwimmbecken. In dem Becken hielten sich außerdem Erwachsene und Kinder ohne derartige Störungen auf. Die Beobachtung geschah mithilfe von Kameras und ermöglichte es, die Entfernung zwischen den Delfinen und den Menschen, die Häufigkeit der Kontakte und deren Dauer zu berechnen. Es wurden in dieser Studie fünf Delfine beobachtet (vier Weibchen und ein Männchen).

Es zeigte sich, dass die Delfine zu den Kindern ganz allgemein eine geringere Distanz wahrten als zu den Erwachsenen. Noch geringer war der Abstand zu den behinderten Kindern. Bei der Berechnung der Schwimmgeschwindigkeit der Delfine beobachtete man etwas Erstaunliches: Die Delfine reduzierten ihre Geschwindigkeit in der Nähe der Kinder, und zwar ganz besonders in der Nähe der behinderten

Kinder. Außerdem nahmen die Delfine häufiger Kontakt zu den Kindern und insbesondere zu den behinderten Kindern auf. Auch die Dauer dieser Kontakte war länger.

Solche Ergebnisse lassen vermuten, dass Delfine offensichtlich bei Menschen zwischen kleinen und großen unterscheiden und außerdem zwischen selbstständigen und mehr oder weniger unselbstständigen. Selbstverständlich verhielten sich die Delfine in dieser Studie unterschiedlich. Und das brachte die Forscher auf den Gedanken, dass diese Methode gut geeignet sein könnte, jene Delfine herauszufinden, die das Potenzial besitzen, später zu therapeutischen Zwecken eingesetzt zu werden: Die Autoren der Studie sprachen sogar von einer natürlichen Motivation der Delfine, anderen zu helfen.

Fazit

Es ist also festzustellen, dass die Delfintherapie einzigartige Erfolge vorzuweisen hat, was beweist, dass dieses faszinierende Tier unsere Aufmerksamkeit durchaus verdient. Außerdem scheinen manche Exemplare für den Einsatz zu therapeutischen Zwecken ganz besonders gut geeignet zu sein. Selbstverständlich ist diese Art der Therapie teuer und lässt sich nicht überall durchführen. Dennoch könnte man nach Auffassung der Forscher mit den geeigneten Methoden zur Erkennung der natürlichen therapeutischen Anlagen des Delfins und mithilfe adäquater Dressurmethoden dieses Tier zu einem ausgezeichneten Helfer für die Therapie machen. Und dies umso mehr, als die Therapie mit dem Delfin im Wasser stattfindet, was an sich schon ein hervorragendes therapeutisches Element darstellt. Das sollte auch nicht vergessen werden.

Diese Ergebnisse bedürfen allerdings noch der wissenschaftlichen Erklärung, denn die bloße Gegenwart des Tieres reicht selbstverständlich nicht aus, um alle Phänomene zu deuten. Einige Wissenschaftler konzentrieren ihre Arbeit zurzeit auf bestimmte physiologische Faktoren (der Delfin stimuliert den Menschen durch Berührung, und zwar mit ganz speziellen kleinen Stößen) beziehungsweise auf akustische Gegebenheiten (es gibt möglicherweise ein System der Vokalisierung, das beim Menschen eine psycho-neuro-immunologische Reaktion hervorruft). All diese Erklärungen befinden sich zwar noch im Stadium der Hypothese und sind noch nicht wissenschaftlich bewiesen (das Gleiche gilt für die Vermutung, dass die Delfine genau wie wir Menschen über eine eigene Sprache verfügen), dennoch verdient diese seltsame Alchimie zwischen dem Delfin und dem Menschen, dass wir ihr Zeit und Interesse widmen.

37 Der Blick aufs Meer
Der Einfluss eines Aquariums

Vielleicht haben Sie in einem Wartezimmer schon einmal gespürt, dass von einem dort stehenden Aquarium mit seinen kleinen Fischen eine gewisse Beruhigung ausging. Alles lud zur Entspannung ein: die schwimmenden Fische, die Beleuchtung, die sich hin und her wiegenden Wasserpflanzen und das leise Gluckern der Sauerstoffanlage. Glauben Sie nun ja nicht, das sei ein rein subjektives Gefühl ohne jegliche Folgen gewesen, denn die Forschung hat bewiesen, dass die Funktion eines Aquariums weit über seinen dekorativen Aspekt hinausgeht.

Die Angst vor dem Zahnarzt

Es gibt wohl einen Ort, den die meisten von uns sehr ungern aufsuchen – die Praxis des Zahnarztes, vor allem, wenn uns ein Zahn gezogen werden soll, und zwar nur unter lokaler Betäubung. Es ist offensichtlich nicht einfach, Patienten die Angst vor einem solchen Eingriff zu nehmen. Katcher, Segal und Beck (1984) haben sich deshalb die Frage gestellt, ob sich Patienten möglicherweise so sehr entspannen ließen, dass ihre Angst reduziert, ihre Schmerzempfindlichkeit gesenkt und das vorgesehene Ziehen des Zahnes auf dieses Weise erleichtert wird, wenn sie vorher ein Aquarium betrachteten.

Für ihre Untersuchung wurden Patienten einer Zahnklinik, denen das Ziehen eines Zahnes bevorstand, in einen isolierten Raum geführt, in dem entweder ein großes Poster mit einer Gebirgslandschaft und einem prächtigen Wasserfall hing oder aber ein Aquarium stand. Die Wartezeit der Patienten erstreckte sich über 40 Minuten. Sie wurden gebeten, in dieser Zeit verschiedene Messungen an sich durchführen zu lassen. Es wurden regelmäßig ihr Herzrhythmus und ihr Blutdruck gemessen. Außerdem maß man, wie wohl sich der Proband fühlte. Zusätzlich wurde ein Beobachter gebeten, sich die Patienten beim Verlassen des Raumes anzuschauen und einzuschätzen, ob „die Person entspannt wirkte". Und der Zahnarzt sollte auf einer Skala angeben, ob der Patient ein guter/schlechter Patient gewesen war und ob er während des Eingriffs die an ihn gerichteten Anweisungen und Bitten befolgt hatte oder nicht.

Auf physiologischer Ebene zeigte sich, dass sich bei den Patienten in dem Raum mit Aquarium in der Zeit zwischen dem Betreten des Raumes bis zum Verlassen der Blutdruck gesenkt hatte und der Herzrhythmus ruhiger geworden war. Die Patienten in diesem Raum fühlten sich entspannter als die anderen, die in dem Raum warten mussten, in dem das

Poster an der Wand hing. Auch der Beobachter hatte den Eindruck, dass die Patienten, die aus dem Raum mit Aquarium herauskamen, entspannter wirkten. Und schließlich waren auch die behandelnden Zahnärzte der Auffassung, dass die Patienten, die zuvor in dem Raum mit Aquarium gewartet hatten, ihren Anweisungen während des Eingriffs besser Folge geleistet hätten.

Offensichtlich wirkt es sich in einer Situation, in der sich eine gewisse natürliche Angst nicht leicht vermeiden lässt, stressmildernd aus, wenn wir zuvor für einen gewissen Zeitraum (hier waren es 40 Minuten) ein Aquarium betrachten.

Ein Aquarium reduziert aber nicht nur in bestimmten, besonders angespannten Situationen die Angst. Man hat auch beobachtet, dass es Verhaltensweisen beeinflussen kann, bei denen man dies nicht erwartet hatte.

Edwards und Beck (2003) haben getestet, ob sich ein Aquarium auf die Nahrungsaufnahme von alten Menschen auswirkt, die unter Alzheimer leiden. Diese Männer und Frauen, die durchschnittlich 82,2 Jahre alt waren und einen hohen Grad an Altersdemenz aufwiesen, nahmen ihre Mahlzeiten in einem Gemeinschaftsraum ein, in dem man ein Aquarium mit kleinen bunten und ganz besonders lebhaften Fischen aufgestellt hatte. Daraufhin wurde gemessen, wie viel Nahrung jede Person zu sich nahm. Dazu wurden vor und nach der Mahlzeit jeweils die Teller mit der Vorspeise, mit dem Hauptgericht und dem Nachtisch gewogen. Diese auf das Gramm genauen Messungen wurden zwei Wochen vor dem Aufstellen des Aquariums, in den zwei Wochen, in denen das Aquarium sich im Raum befand, und zwei Wochen nach der Entfernung des Aquariums durchgeführt. Außerdem wurde das Gewicht der Probanden vor dem Versuch, während des Versuchs und vier Monate danach erfasst.

Für die Nahrungsaufnahme zeigten sich die in der Tabelle dargestellten Ergebnisse.

vor Aufstellung des Aquariums	bei aufgestelltem Aquarium	nach Entfernung des Aquariums
1477,8	1762,4	1886,6

Mittlere täglich aufgenommene Nahrungsmenge pro Patient (in Gramm)

Wie man sieht, haben die alten Menschen mehr gegessen, als das Aquarium im Raum stand (gemessen in Gramm). Außerdem ist festzustellen, dass diese Wirkung weiterhin anhielt, was nach Ansicht der Forscher darauf schließen lässt, dass ein Aquarium im Raum einen Prozess auslöst, der zumindest einige Wochen lang anhält. Dies wiederum ließ vermuten, dass die ständige Anwesenheit dieses Aquariums keinen Gewöhnungseffekt auslöst, der nach einigen Wochen die anfängliche Wirkung wieder zunichte machen würde.

Da die Alzheimer-Patienten, die bekanntlich sehr wenig essen, mehr Nahrung zu sich genommen hatten, nahmen sie natürlich auch an Gewicht zu (siehe Grafik).

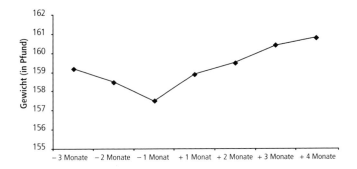

Man sieht sehr deutlich, dass die Patienten an Gewicht zugenommen haben, was bei dieser Art von Krankheit von großer Bedeutung ist.

Wie ist es möglich, dass es allein durch das Aufstellen eines Aquariums zu solchen Veränderungen kam? Bei der Beobachtung der Probanden stellte man zwei Dinge im Verhalten fest. Zum einen blieben die Personen länger am Tisch sitzen. Dadurch verlängerte sich auch die Zeit für die Essensaufnahme. Gleichzeitig verwandten die Personen zwar immer mehr Zeit darauf, das Aquarium zu betrachten, tendierten dabei aber dazu, schneller zu kauen und rascher ihren Teller zu leeren. So war etwa der zeitliche Abstand zwischen zwei Bissen geringer, wenn das Aquarium im Raum stand.

Ein Aquarium wirkt sich also positiv auf die Befriedigung eines Primärbedürfnisses aus (in diesem Fall auf die Nahrungsaufnahme). Andere Untersuchungen haben gezeigt, dass es auch die körperliche Befindlichkeit positiv beeinflussen kann.

DeSchriver und Riddick (1990) haben Bewohnern eines Altenheimes von durchschnittlich 73 Jahren ein Aquarium mit kleinen bunten Fischen gezeigt. In einer Kontrollsituation bekamen sie Kurzfilme zu sehen, deren Inhalt als entspannend eingestuft worden war. Während der Filmvorführung oder während der Zeit, in der die Versuchspersonen das Aquarium betrachteten, waren auf ihren Armen Sensoren angebracht, um bestimmte physiologische Variablen zu messen, etwa den Herzrhythmus, die Temperatur der Haut und die Muskelspannung. All diese Indikatoren zusammen ergaben ein Maß für den Grad der physiologischen Entspannung der Probanden zur Zeit der Messung. Diese Messungen wurden vor und nach der jeweiligen Versuchsphase durchgeführt.

Es zeigte sich, dass das Betrachten des Aquariums die höchste Muskelentspannung bewirkte (weniger Muskelspan-

nung, z. B. gemessen anhand des Bizepsdrucks pro Quadratzentimeter). Vergleicht man die Werte vor der Exposition
mit dem Stimulus mit denen in der Phase während der
Exposition selbst, so war in dieser Gruppe die Entspannung
ebenfalls am höchsten.

Wenn mit einem Aquarium in dieser recht stressfreien
Situation schon positive Wirkungen erzielt wurden, wie sieht
es dann erst aus, wenn die Umstände problematischer sind?

Schock – aber schick

Die Elektrokonvulsionstherapie, die der großen Öffentlichkeit besser (manch ein Psychiater würde allerdings sagen,
schlechter) bekannt ist unter der Bezeichnung Elektro-
schocktherapie, ist eine Technik, bei der die Elektrizität
dazu benutzt wird, psychische Störungen oder Verhaltensstörungen zu behandeln oder zu korrigieren. Diese ungenü-
gende Kenntnis und das negative Image dieser Technik sind
Faktoren, die ihren Einsatz für die Patienten ganz besonders
stressreich machen.

Um diesen Stress zu mindern, haben Barker, Rasmussen und
Best (2003) ein 80 Liter fassendes Aquarium mit Wasserpflanzen, einer Sauerstoffanlage und kleinen verschiedenfar-
bigen tropischen Fischen in einen Raum gestellt, in dem die
Elektrokonvulsionstherapie durchgeführt wurde. In einem
anderen Raum, in dem die gleiche Behandlung möglich war,
stand kein Aquarium. Da sich die Behandlung der Patienten
über mehrere aufeinanderfolgende Tage erstreckte, behandelte man jeden von ihnen abwechselnd in beiden Räumen.
Dadurch war es möglich, die Unterschiede bei jedem Einzelnen zu untersuchen.

Vor Beginn der Behandlungen wurden verschiedene physiologische Messungen durchgeführt (Blutdruck, Herzrhythmus, …). Außerdem wurde festgestellt, wie hoch der Grad der Angst und der Befürchtungen bei den Patienten war.

Es zeigte sich eine signifikante Senkung des arteriellen Blutdrucks und des Herzrhythmus bei den Probanden, wenn sich diese in dem Raum mit dem Aquarium befanden. Außerdem stellte man fest, dass die Patienten weniger Furcht empfanden und weniger Besorgnis hegten, wenn sie sich in diesem Behandlungsraum aufhielten. Auch der selbst wahrgenommene Depressionsgrad war geringer in dem Raum mit dem Aquarium. Die Forscher sind der Überzeugung, dass sich das Aquarium beruhigend auf die Probanden auswirkte, weil nichts darin hektisch geschieht (in einem Aquarium erscheit alles ruhig, es gibt keine Geräusche, die Bewegungen der Fische wirken verlangsamt und fließender, …). Außerdem lenkte es die Patienten ab, und sie dachten weniger daran, was um sie herum geschah oder was noch passieren würde. In diesem Experiment hat man also die Wirksamkeit des Aquariums nachgewiesen; die gleichen Ergebnisse wurden allerdings mit einem Hund ebenfalls erzielt (Barker, Pandurangi & Best, 2003). Aber der Einsatz eines Hundes unter den beschriebenen Bedingungen ist nicht ganz unproblematisch.

Abgesehen von diesen Fällen, in denen das Aquarium zu therapeutischen Zwecken eingesetzt wurde, hat man auch festgestellt, dass es die Hilfsbereitschaft von Menschen fördern kann. In einer noch unveröffentlichten Untersuchung von Guéguen und GrandGeorge wurden Studenten in einen Raum geführt, in dem ein Teil als Wartezimmer eingerichtet war. Zum Zeitpunkt des Experiments befand sich jeder Student allein in dem Raum. In dem betreffenden Teil des Raumes standen eine etwa ein Meter hohe Kommode und darauf entweder ein Aquarium mit Fischen, ein großer Blumenstrauß oder aber gar nichts. Die Probanden mussten 15 Minuten in diesem Raum warten, denn man hatte ihnen gesagt, das Experiment würde sich etwas verzögern. Nach zwölf Minuten betrat eine Person (eine junge Frau) den Raum, begrüßte den Studenten kurz, ging zu der Kommode und nahm einen Kasten mit Karteikarten heraus. Auf der Höhe des Teilnehmers entglitt ihr dieser Kasten scheinbar unabsichtlich und fiel zu Boden. „So ein Mist!", sagte sie, ohne den Studenten anzuschauen, und begann die Karteikarten aufzusammeln. Nun wurde festgehalten, ob und wie schnell die Versuchsperson ihr zu Hilfe eilte. Es zeigte sich, dass 93 % der Teilnehmer ihr behilflich waren, wenn ein Aquarium im Zimmer stand, war es ein Blumenstrauß, halfen 68 %, aber nur 66 %, wenn nichts auf der Kommode stand. Die Ergebnisse zeigten allerdings keinen Unterschied in der Geschwindigkeit, mit der die Teilnehmer der jungen Frau zur Hand gingen. Anscheinend hat die von einem Aquarium ausgehende Beruhigung die Versuchspersonen dazu veranlasst, sich einem anderen gegenüber hilfsbereiter zu erweisen.

Fazit

Alle vorgestellten Arbeiten zeigen, dass von einem Aquarium ganz eindeutig eine beruhigende Wirkung ausgeht. Sie manifestiert sich im Empfinden der Personen, aber auch in verschiedenen physiologischen Variablen sowie im Verhalten der Probanden. Will man erreichen, dass Menschen sich entspannen oder ihre Aufmerksamkeit auf etwas Bestimmtes richten, so scheint das Aquarium mit seinen kleinen Fischen hierfür das Mittel der Wahl zu sein. Stellen wir also überall dort, wo wir uns tagtäglich aufhalten,

Aquarien auf – es sind noch viele Anwendungsmöglichkeiten und Wirkungen denkbar.

38 Mit dem Hund zur Arbeit
Der Einfluss des Haustieres auf Arbeitnehmer

Wussten Sie schon, dass immer mehr Unternehmen ihren Arbeitnehmern erlauben, ihr Haustier mit zur Arbeit zu bringen? (Solange es sich nicht um einen afrikanischen Elefanten oder einen bengalischen Tiger handelt!)

Das hat natürlich die Wissenschaftler auf den Plan gerufen, die sehen wollten, wie sich eine solche Praxis auf die Psyche des Arbeitnehmers und die Organisation der Arbeit auswirkt.

Die beiden Psychologinnen Wells und Perrine (2001) von der Universität von Kentucky befragten deshalb 193 Angestellte von 31 Firmen.

Die Ergebnisse zeigen, dass sich diese Praxis positiv auswirkt. Sie führt insbesondere zu einer Reduktion des beruflichen Stresses, sie fördert die Gesundheit des Angestellten und kommt der Organisation der Arbeit zugute.

Für die Angestellten ist es sehr wichtig, wenn sie sich bei der Arbeit individuell ausdrücken und ihren Arbeitsplatz persönlich gestalten können. Es bereitet den Leuten Freude, ihre Arbeitsumgebung zu verändern, sie auszugestalten, ihr eine persönliche Note zu geben (mit Fotos, Zimmerpflanzen, Bildern und verschiedenen anderen Gegenständen). Das wirkt sich nachweislich förderlich auf ihr Wohlbefinden aus, es steigert die Zufriedenheit am Arbeitsplatz und die Arbeitsmoral der Angestellten (z. B. Wells, 2000). Deshalb haben die Forscher sich die Frage gestellt, ob es zu einer Personalisierung des Arbeitsplatzes beitragen würde, wenn die Arbeitnehmer ihr Haustier mitbringen dürften. Außerdem wollten sie herausfinden, ob das Tier sozusagen wie „Öl fürs Getriebe" wirken kann, weil es die Interaktionen und Gespräche am Arbeitsplatz fördert, und zwar sowohl die der Angestellten untereinander als auch die zwischen Vorgesetzten und Untergebenen und die mit den Kunden. Und schließlich wollten sie sehen, ob sich die Anwesenheit eines Tieres positiv auf die Gesundheit auswirkt, weil sie den beruflichen Stress mindert.

Ihre Untersuchung haben sie in verschiedenen Firmen in Kentucky durchgeführt (in Lexington), in denen es den Arbeitnehmern gestattet war, ihre Tiere mit zur Arbeit zu bringen. An dem Experiment beteiligten sich ganz unterschiedliche Unternehmen (Großhandelsbetriebe, Fabriken, Dienstleistungsgesellschaften und ein Radiosender). Die Zahl der Angestellten in den Firmen variierte von einem bis 80. Die Mehrzahl der Teilnehmer waren in Vollzeit beschäftigt (90 %) und zwischen 25 und 54 Jahre alt (50 % Männer, 50 % Frauen). Die meisten (76 %) besaßen ein Haustier. Bei etwa der Hälfte der an den Arbeitsplatz mitgebrachten Tiere handelte es sich um Hunde, bei der anderen Hälfte um Katzen.

Wells und Perrine haben ihren Versuchspersonen einen eigens für diese Untersuchung entwickelten Fragebogen vorgelegt. Von diesem Fragebogen gab es zwei Versionen: eine für die Angestellten und eine für die Kunden der Firma. Die Fragen betrafen die Haustiere am Arbeitsplatz (Zahl und Art der Tiere, wie viele Stunden sie am Arbeitsplatz zubrachten, wie häufig sie während der Arbeit gestreichelt wurden und welche Gefühle das auslöste). Es gab auch offene Fragen, damit die Teilnehmer beschreiben konnten, welche Vorteile oder Unannehmlichkeiten es für sie oder ihre Kunden mit sich bringt, wenn ein Tier am Arbeitsplatz anwesend ist.

Es stellte sich heraus, dass die Idee, Tiere am Arbeitsplatz zu gestatten, in den meisten Firmen von den Eigentümern stammte (86 %). Mit anderen Worten, wenn auch Sie wollen, dass diese Praxis in dem Unternehmen, in dem Sie arbeiten, eingeführt wird, dann sollten Sie darum bitten. Doch selbst wenn diese Erlaubnis erteilt wurde, brachte nur eine Minderheit (14 %) ihr Tier mit, 63 % ließen es zu Hause und 23 % besaßen gar kein Tier. Und von diesen 14 % waren mehr als zwei Drittel die Chefs des Unternehmens oder die Führungskräfte.

Die Auswertung der Fragebögen ergab, dass die Angestellten es außerordentlich schätzten, wenn sie ihr Tier am Arbeitsplatz streicheln konnten, und dass das Tier dazu beitrug, ihren Stress abzubauen.

34 % der Befragten gaben an, ihrer Meinung nach sei die Anwesenheit des Hundes positiv für das Geschäft. 15 % waren der gleichen Ansicht, wenn es sich um eine Katze handelte. Fast 50 % meinten, das Tier ließe das Unternehmen auch beim Kunden in einem guten Licht erscheinen und es erleichtere die Beziehungen am Arbeitsplatz.

Und schließlich war die große Mehrheit der Befragten der Meinung, die Haustiere am Arbeitsplatz wirkten sich positiv auf ihre Gesundheit aus.

Abgesehen von den gesundheitlichen Vorteilen, meinten die Teilnehmer, das Tier mache ihre Umgebung freundlicher und angenehmer. Nach den Unannehmlichkeiten befragt, meinten die meisten, es gebe keine (55 %). Jene, die doch Unannehmlichkeiten sahen, beklagten sich über die Haare auf dem Teppichboden und darüber, dass der Hund Gassi geführt werden müsse. Die Teilnehmer berichteten auch, dass das Tier Vorteile für die Kunden mit sich bringe, denn es würde die Kunden amüsieren und diese wären dann entspannter. Auch die Mehrheit der Kunden sah keinerlei Unannehmlichkeiten (55 %). Und diejenigen, die doch

etwas auszusetzen hatten, sagten, sie hätten Angst vor dem
Tier oder die Haare würden sie stören. Und einige wenige
machten geltend, ein Tier am Arbeitsplatz widerspräche den
arbeitsrechtlichen Bestimmungen (4 %).

Fazit

Die Ergebnisse dieser Studie legen den Schluss nahe, dass es
für die Angestellten große gesundheitliche Vorteile mit sich
bringt, wenn sie ihr Haustier an den Arbeitsplatz mitbringen dürfen, und dass es sich positiv auf die Organisation
der Arbeit auswirkt. Allerdings sei darauf hingewiesen, dass
es sich bei der Mehrzahl der in dieser Studie untersuchten
Betriebe um Kleinbetriebe mit weniger als zehn Beschäftigten handelte. Dies lässt vermuten, dass sich eine solche
Praxis eher verwirklichen lässt, wenn die Zahl der Beschäftigten gering ist. Vielleicht ist es ja auch in kleineren Unternehmen einfacher als in großen, die allgemeine Einstellung
zu verändern. Doch wie dem auch sei, wenn sich uns die
Möglichkeit bietet, unser Tier an den Arbeitsplatz mitzu-
bringen, so sollten wir davon Gebrauch machen.

39 Das Kätzchen ist gestorben
Stress durch den Tod eines Haustieres

Zum Schluss dieses Kapitels über die Wirkung eines Tieres
auf die menschliche Psyche wollen wir uns noch die Frage
stellen, wie wir mit dem Tod des Tieres umgehen. Denn
in manchen Fällen nimmt so ein Tier einen derart großen
Stellenwert im Leben eines Menschen ein, dass sein Tod

eine große Erschütterung bedeutet. Der Verlust des Tieres ist nun aber unbestreitbar etwas ganz Reales, denn im Allgemeinen leben wir viel länger als unsere vierbeinigen Gefährten. Und zudem ist diese Überlegung keineswegs müßig, denn es handelt sich hier um ein Problem, von dem sehr viele Menschen betroffen sind. In Frankreich besitzen nämlich über 50 % der Familien ein Haustier (Untersuchung FACCO/TNS Sofres, 2006). In den USA sind es sogar 70 % der Familien mit einem Kind. Dagegen halten sich nur 46 % der älteren Ehepaare ein Tier (Gage & Guadagno, 1985). Für die meisten dieser Menschen stellt ihr Tier ein vollwertiges Familienmitglied dar, genau wie ein Kind. In so einem Fall spricht man von der „Vermenschlichung" des Tieres. Erstaunlich ist, dass diese Tendenz bei Personen mit einem Kind stark ausgeprägt ist, dagegen nur schwach bei jenen, die zwei oder mehr Kinder haben (Albert & Bulcroft, 1988). Dies liegt sicherlich daran, dass die Eltern mit mehreren Sprösslingen weniger Zeit für ihr Tier haben und es daher weniger als ein Familienmitglied betrachten.

Einer Umfrage zufolge, die das Unternehmen Ajinomoto General Foods (1996) bei 500 Japanern durchgeführt hat, sind es in erster Linie 40- bis 50-jährige Menschen, die in ihrem Haustier so etwas wie ein Kind sehen. Und wer von uns hat denn noch nie in irgendeiner Zeitung gelesen, dass sich ein kinderloses Ehepaar bei der Scheidung über die Frage in die Haare bekommen hat, wer das Sorgerecht für „Toto", den Goldfisch, erhalten sollte! Die Liebe zu unserem Haustier ist groß, und sie variiert im Laufe unseres Lebens, je nach den jeweiligen Umständen. Ihre Untersuchung an fast 500 Personen hat Albert und Bulcroft (1988) zu dem Schluss gebracht, dass die Bindung an das Tier in der Kindheit am größten ist. Der Forscher Triebenbacher (1998) hat außerdem darauf hingewiesen, dass sich die meisten Grundschulkinder ungeheuer darauf freuen, ihr Haustier nach Schulschluss wiederzusehen.

Bei Personen, die Babys, Vorschulkinder und Teenager haben, ist diese Bindung am geringsten. Sie ist hingegen ganz besonders stark ausgeprägt bei kinderlosen, allein lebenden, unverheirateten oder verwitweten Menschen (Zasloff & Kidd, 1994). Fast ein Drittel der befragten Personen gab außerdem an, dass ihnen ihr Hund oder ihre Katze lieber sei als ihre engsten Familienangehörigen (Barker & Barker, 1988; 1990).

Es konnte gezeigt werden, dass Hundebesitzer mit ihren Tieren die gleichen emotionalen Erfahrungen machen wie mit nahen Verwandten oder Kindern.

Dieses Phänomen hat der japanische Biologe Takefumi Kikusui zusammen mit seinen Kollegen entdeckt. Dieser Wissenschaftler, der selbst ein großer Hundeliebhaber ist, sagte: „Zu meiner Untersuchung hat mich die Beobachtung angeregt, dass ich jedes Mal spüre, wie ich mich verändere, wenn ich mit meinem Hund spiele." Darüber wollte er mehr erfahren. Zusammen mit anderen Forschern hat er zunächst festgestellt, dass Menschen, die einen Hund besitzen, tatsächlich ein Gefühl des Wohlbefindens verspüren, wenn sie mit ihrem Vierbeiner spielen. Sie fanden heraus, dass dieses „Gefühl" durch ein Hormon ausgelöst wird (Oxytocin). Diese Substanz setzt der menschliche Körper in angenehmen sozialen Situationen frei, etwa bei Liebe oder bei freundschaftlichen Beziehungen. Das Oxytocin reduziert Stress und Depression. Es tritt auch auf, wenn wir uns um ein Baby kümmern oder uns geborgen fühlen.

Die wissenschaftliche Literatur beweist also, dass wir unseren Haustieren sehr nahestehen. Wie erleben wir dann ihren Tod?

Auch Sie wurden vielleicht schon einmal mit dem Tod eines Ihrer vierbeinigen Lieblinge konfrontiert. Was haben Sie in dem Augenblick gefühlt? War der Schmerz groß? Und hatten Sie, falls Sie eine Frau sind, den Eindruck, dass Sie stärker trauerten als Ihr Partner? Auf all diese Fragen wollten Gage und Holcomb (1991) Antworten finden.

Sie haben an 1650 Ehepaaren mittleren Alters (35 bis 54 Jahre) einen Fragebogen geschickt, dann aber schließlich nur eine Gruppe von 242 Paaren ausgewählt, deren Haustiere in den drei Jahren vor der Untersuchung gestorben waren. Sie wurden über den Verlust des Tieres befragt, insbesondere über die damit verbundenen Gefühle. Es zeigte sich, dass der Tod des Haustieres die Hälfte der Frauen und mehr als ein Viertel der Ehemänner „sehr" oder „extrem" erschüttert hatte. Die Ehemänner gaben an, der damals empfundene Stress sei so groß gewesen, wie wenn sie einen engen Freund verloren hätten. Für die Frauen war der Tod ihres Haustieres ebenso schlimm wie der Verlust des Kontakts zu ihren verheirateten Kindern. Und schließlich haben die meisten dieser befragten Paare wirklich getrauert, und der Tod ihres Tieres hat sie sehr stark unter Stress gesetzt.

Der Tod eines „Begleithundes", wie ihn Blinde oder Rollstuhlfahrer besitzen, wirft ebenfalls enorme psychische Probleme auf, denn die Bindung zwischen dem behinderten Besitzer und seinem Tier ist sehr eng (Nicholson, Kemp-Wheeler & Griffiths, 1995).

Fazit

Das Tier wird wie ein Familienmitglied betrachtet, und sein Tod bedeutet einen schweren gefühlsmäßigen Verlust und hinterlässt eine große Leere. Deshalb müssen wir begreifen, dass es überhaupt keinen Zweck hat, einem Menschen, der gerade sein Tier verloren hat, zu sagen: „Mensch, reiß dich doch zusammen!" Denn wie ja hinlänglich bekannt ist, helfen Tritte in den Allerwertesten bei Katzenjammer überhaupt nichts. Ebenso wenig hilfreich ist der Satz: „Es war doch nur ein Hund!" Gewiss, es war nur ein Hund, aber er wurde geliebt wie ein vollwertiges Familienmitglied.

Diese Liebe zu dem verstorbenen Tier kann auch dazu führen, dass wir bei der Bewertung eines anderen Tieres das richtige Augenmaß verlieren. Um schneller über ihre Trauer hinwegzukommen, schaffen sich manche Menschen nämlich einen anderen Hund der gleichen Rasse an. Und dann vergleichen sie das Verhalten des jungen Hundes mit dem des alten, aber des alten, der schon erwachsen war. Und deshalb erinnern sie sich nur daran, wie lieb der alte doch war und wie gehorsam, und vergessen die Zeit, die nötig war, um ihn abzurichten. Den neuen Hund empfinden sie dagegen als schwerer erziehbar und ungebärdiger, und so laufen sie Gefahr, ihm gegenüber sehr viel strenger zu sein. Die Besitzer tendieren manchmal dazu, mit diesem Welpen sehr viel ungeduldiger und unnachsichtiger umzugehen – und das arme Tier hat dann unter diesem ungerechten Vergleich zu leiden!

5
Schüchtern? Schaffen Sie sich einen Hund an!

Inhaltsübersicht

Wie wir gesehen haben, hat unser soziales Verhältnis zu Tieren durchaus Vorteile für uns. Die Forschung zeigt auch, dass das Tier als Vermittler in zwischenmenschlichen Beziehungen fungieren kann. Denn anscheinend geht von dem Tier eine solche Anziehungskraft aus, dass es uns fremde Personen dazu veranlasst, uns anzusprechen. In diesem Kapitel werden wir sehen, dass wir uns gegenüber Menschen, die ein Haustier besitzen, ganz spontan herzlich und freundschaftlich verhalten, wenn wir ihnen im Alltag begegnen, etwa auf der Straße oder im Park. Wir werden sogar sehen, dass das Tier eine Vermittlerrolle spielen kann und uns dabei hilft, eine verwandte Seele zu finden. Diese positive Wirkung auf unsere sozialen Beziehungen hängt anscheinend damit zusammen, dass wir mit Menschen, die ein Haustier besitzen, bestimmte Vorstellungen verbinden. Den Besitzern von Tieren schreiben wir auch ganz spezielle Persönlichkeitsmerkmale zu, die je nach Art des Haustieres variieren. Zudem werden wir sehen, dass eher sekundäre physische Merkmale des Hundes, wie seine Größe oder die Farbe seines Felles, unser Verhalten gegenüber dem Besitzer beeinflussen, und dass sie es uns sogar ermöglichen, den Besitzer des betreffenden Tieres unter vielen anderen herauszufinden. Unsere Tiere sind uns offensichtlich ein wenig ähnlich, und zwar sogar so sehr, dass uns unbekannte Menschen in der Lage sind zu sagen, wer zu wem gehört. Und schließlich werden wir sehen, dass das Tier an sich, ganz unabhängig von seinem Besitzer oder Herrchen, durch seine bloße Gegenwart unsere zwischenmenschlichen Beziehungen verbessern und die Zusammenarbeit erleichtern kann. Die Forschungen belegen auch, dass sich das Tier nicht nur bei behinderten, kranken oder einsamen Menschen zu pädagogischen Zwecken einsetzen lässt. Denn es hat den Anschein, als befähige es uns allein durch seine Anwesenheit, unsere sozialen Beziehungen zu verbessern und unsere kognitiven Fähigkeiten zu steigern.

40 Na, wie geht's, Struppi?
Der Einfluss eines Hundes auf die sozialen Interaktionen

Sozialpsychologische Untersuchungen über die Aufnahme sozialer Interaktionen belegen, dass die ersten Sekunden entscheidend sind, und zwar sowohl für die Dauer als auch für die Qualität der Interaktion und die daraus erwachsende Befriedigung. Außerdem behindert es unsere sozialen Interaktionen bekanntlich entscheidend, wenn wir uns nicht in der Lage fühlen, diese ersten Sekunden zu nutzen: Wir verzichten darauf, einen Kontakt zu knüpfen, weil wir nicht wissen, wie wir es anstellen sollen. Einen unbekannten Menschen anzusprechen, ist nicht immer einfach, und bei genauerer Betrachtung stellen wir fest, dass wir alle in einer solchen Situation nach irgendeinem Anknüpfungspunkt suchen, der es uns ermöglicht, das Gespräch zu beginnen. Die ersten Worte sind immer die schwierigsten. Und wenn wir einen Anlass für diese ersten Worte finden, erleichtert uns das die Interaktion ungeheuer. Nach Ansicht der Forscher kann ein Haustier dabei enorm helfen, denn es wirkt gleichsam als Katalysator, weil es sich als Ausgangspunkt für ein Gespräch anbietet.

Deborah L. Wells vom Fachbereich Psychologie der Queen's University in Belfast ist in der Fußgängerzone einer irischen Großstadt spazieren gegangen. Dabei führte sie abwechselnd einen Labradorwelpen, einen erwachsenen Labrador oder einen ausgewachsenen Rottweiler an der Leine mit sich (Wells, 2004). In drei anderen Versuchssituationen flanierte sie durch dieselben Straßen, allerdings einmal ohne Hund, einmal mit einem Teddybären im Arm und einmal mit einer große Zimmerpflanze. Dann hielt sie fest, ob die Leute, die ihr begegneten, sie anschauten, ihr zulächelten oder ein Gespräch mit ihr begannen. Bei den Gesprächen unterschied die Forscherin zwischen unbedeutenden Konversationen von weniger als 30 Sekunden, Gesprächen zwischen 30 und 60 Sekunden und solchen, die länger als eine Minute dauerten. Wenn es einer Person nämlich gelingt, ein länger als 60 Sekunden andauerndes Gespräch zu führen, ist die Wahrscheinlichkeit groß, dass sie es noch über eine längere Zeit aufrechterhalten wird, weil sie sich in der Situation wohl fühlt. Die in den sechs verschiedenen Versuchssituationen erzielten Ergebnisse sind in der Grafik dargestellt.

Wie man sieht, ist das Tier ohne jeden Zweifel ein wichtiger Auslöser für gesellschaftliche Kontakte, denn wenn die Versuchsperson keinen Hund bei sich hatte oder lediglich

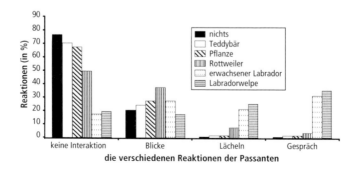

einen Teddybären oder eine Grünpflanze, so begegneten ihr die Passanten sehr gleichgültig.

Außerdem ist festzustellen, dass die Ergebnisse insgesamt sehr konstant waren, unabhängig davon, ob es sich bei den Passanten um Männer oder Frauen handelte oder ob sie allein waren oder in einer Gruppe.

Die Analyse ergab, dass die Gespräche sehr viel länger dauerten, wenn die Versuchsleiterin den Welpen bei sich hatte und nicht den erwachsenen Hund der gleichen Rasse. Desgleichen kam es zu mehr und sehr viel länger andauernden Interaktionen, wenn sie den erwachsenen Labrador mit sich führte und nicht den Rottweiler.

Es ist also festzustellen, dass der Hund bei sozialen Interaktionen wie ein Katalysator wirken kann. Die Untersuchungen ergaben, dass tatsächlich der Hund an sich diese Reaktion auslöst und nicht etwa andere gesellschaftliche Informationen.

So haben beispielsweise Eddy, Hart und Boltz (1988) einen Rollstuhlfahrer gebeten, auf der Straße spazieren zu fahren, also eine Person, von der anzunehmen war, dass andere Menschen ihr ohnehin hilfreich und mitfühlend begegnen würden. Dieser Rollstuhlfahrer zeigte sich abwechselnd mit und ohne Hund. Wie im oben beschriebenen Experiment notierte ein Beobachter, wann die Passanten der behinderten Person mehr Interesse entgegenbrachten und häufiger mit ihr interagierten. Die Ergebnisse zeigten, dass 18 % der Passanten dem Rollstuhlfahrer zulächelten, wenn der Hund dabei war, aber es waren nur 5 %, wenn er sich allein auf der Straße befand. 7,2 % der Passanten begannen ein Gespräch mit ihm, wenn er den Hund bei sich hatte, aber nur 1,5 %, wenn er ohne ihn unterwegs war.

Diese Ergebnisse wurden in Frankreich mit einem exotischeren Tier – einem Kapuzineräffchen – bestätigt. Hien und Deputte (1997) haben die Zahl und die Art der Interaktionen festgehalten, die stattfanden, wenn sich ein behinderter Mensch (in diesem Fall eine Person, die vom Hals ab gelähmt war) beziehungsweise ein nicht behinderter mit diesem Tier zeigte. Der Behinderte saß neben einer öffentlichen Bank in seinem Rollstuhl, wohingegen sich die gesunde Person auf die Bank setzte. Das Experiment fand vor einem Geschäft in einer belebten Straße statt. Die Versuchspersonen hatten dabei entweder ein Kapuzineräffchen bei sich oder nicht. Ein nicht weit entfernt postierter Beobachter evaluierte das Verhalten der Passanten. Gemessen wurde deren Annäherungsverhalten (Richtungswechsel oder Hinwendung zu der Bank), ihr Vermeidungsverhalten (Richtungswechsel oder Abwenden von der Bank) oder aber, ob sie anhielten (die Passanten blieben in der Beobachtungszone stehen).

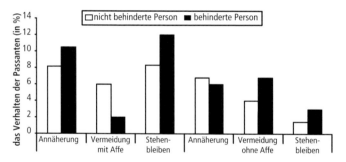

Es zeigte sich, dass sich das Tier unbestreitbar positiv auf das Verhalten der Passanten auswirkte. Sie lächelten häufiger, hatten häufiger Blickkontakt und sprachen die Versuchsperson eher an, und dies umso mehr, wenn diese behindert war. Auch im Annäherungs- und Vermeidungsverhalten und beim Stehenbleiben gab es entscheidende Unterschiede.

Die Gegenwart des Tieres führt ganz eindeutig zu einem verstärkten Annäherungsverhalten und zu mehr Interesse, und das umso mehr, wenn die Person behindert ist. In diesem Fall lassen sich die großen Unterschiede im Verhalten der Passanten auch durch die Besonderheit des Tieres erklären (schließlich bekommt man nicht jeden Tag ein Kapuzineräffchen zu sehen). Seine geringe Größe und natürliche Schönheit, sein Fell, sein pfiffiger Gesichtsausdruck und die ganze Symbolik, die wir mit diesem Tier verbinden (bekanntlich ist ein Kapuzineräffchen für Schwerbehinderte ein guter Gefährte und ein wertvoller Helfer), spielen sicherlich ebenfalls eine Rolle.

Das Tier beeinflusst aber nicht nur unsere Interaktionen mit Fremden, sondern auch die mit Bekannten und sogar mit Freunden.

McNicholas und Collis (2000) haben einen Mitarbeiter gebeten, sich an fünf aufeinanderfolgenden Tagen am Arbeitsplatz (hier der Universität) und außerhalb mit einem Hund (einem Labrador) zu zeigen, den sie zu diesem Zweck aus einem Tierheim geholt hatten. Ein solcher Hund lud nicht gerade dazu ein, gestreichelt zu werden, und war deshalb gut geeignet zu messen, welche konkrete Anziehungskraft von ihm ausging. Auch in diesem Experiment war der Mitarbeiter angewiesen worden festzuhalten, ob es zu einer sozialen Interaktion beziehungsweise einem Gespräch kam oder nicht. Die Ergebnisse sind in der Tabelle dargestellt.

	Freunde	Bekannte	Fremde
mit Hund	56,7 %	73,1 %	95,6 %
ohne Hund	43,3 %	26,9 %	4,4 %

Interaktion mit Hund und ohne Hund (%)

Es steht außer Frage, dass der Hund die gesellschaftlichen Beziehungen erleichtert. Erstaunlich ist die Wirkung bei Fremden, aber auch bei Bekannten oder Freunden. Ist der Hund dabei, wird ein Gespräch begonnen, so als hätte man Lust, über ein freundschaftliches „Hallo" hinauszugehen. Dieselben Forscher wollten noch mehr über die Anziehungskraft des Hundes in den gesellschaftlichen Beziehungen in Erfahrung bringen und haben deshalb ein zweites Experiment durchgeführt. Dieses Mal musste der Mitarbeiter sich einmal sehr nachlässig und schmutzig und einmal sehr gepflegt kleiden. Das Erscheinungsbild des Hundes (diesmal ein großer schwarzer Labradorrüde, der darauf abgerichtet war, besonders ruhig zu bleiben) wurde durch sein Halsband und seine Leine manipuliert. Im einen Fall waren sie von guter Qualität (das lederne Halsband und die Leine waren neu und hatten eine ansprechende Farbe), und im anderen erschienen sie eher schäbig (ein Halsband mit Nägeln und eine einfache Schnur als Leine). So ausgestattet, schlenderte der Mitarbeiter (achtmal) 30 Minuten lang durch die Straßen. In jeder Versuchssituation wurde die Anzahl der sozialen Interaktionen gemessen. Die Ergebnisse können der Tabelle entnommen werden.

	ohne Hund	Hund mit teurem Halsband und teurer Leine	Hund mit ordinärem Halsband und schäbiger Leine
ungepflegtes Herrchen	27	214	224
gepflegtes Herrchen	30	325	350

Zahl der sozialen Interaktionen je nach äußerem Erscheinungsbild des Hundes und seines Herrchens

Wie man sieht, ist die Zahl der Interaktionen fast zehnmal so hoch, wenn der Hund dabei ist. Doch entgegen den Erwartungen wirkt sich das Erscheinungsbild des Hundes beziehungsweise das seines Herrchens nicht negativ auf das Verhalten der Passanten aus. Gewiss, ein gepflegt daherkommendes Herrchen wird häufiger angesprochen, aber der Unterschied ist nicht besonders bedeutend. Die Art des Halsbandes und der Leine beeinflusst das Verhalten der Passanten übrigens überhaupt nicht. Der Hund übt also, unabhängig von seinem Erscheinungsbild und von dem seines Herrchens, zweifellos Anziehungskraft aus.

Fazit

Vom Hund geht also eine starke soziale Anziehungskraft aus, welche die Kontaktaufnahme zwischen Personen, die sich nicht kennen, erleichtert. Ein Hund kann sogar Menschen, die wir bereits kennen, dazu veranlassen, häufiger mit uns zu interagieren. Nach Ansicht der Forscher geht aus diesen Ergebnissen hervor, dass von diesem Tier fast automatisch eine Anziehungskraft ausgeht. Der Hund ist der beste Freund des Menschen, und deshalb neigen wir anscheinend zu der Annahme, alle Hunde seien unsere Freunde. Diesen „kognitiven" Rückschluss übertragen wir dann auf das Herrchen. Denn was machen wir mit unseren Freunden? Wir suchen ihren Kontakt, und das unabhängig davon, wie sie aussehen.

41 Der Hase und die Schildkröte?

Die Wirkung eines Tieres auf zwischenmenschliche Begegnungen

Wir erinnern uns, dass es in dem Walt-Disney-Film *Pongo und Perdita* beziehungsweise *101 Dalmatiner* zu einer wichtigen Begegnung zwischen einem Hund und einer Hündin im Park kommt, aber es treffen sich dabei auch ihre Besitzer. Besitzen zwei Menschen wie in dieser Geschichte ein Haustier desselben Typs oder gar derselben Rasse, so kann das die gesellschaftliche Kontaktaufnahme zwischen den beiden fördern, denn sie haben gleich ein gemeinsames Gesprächsthema. Das Schwierigste bei einer Kontaktaufnahme ist ja, wie wir gesehen haben, ein geeignetes Thema zu finden, das uns den ersten Schritt erleichtert.

Die Forschung hat gezeigt, dass tatsächlich alle Tiere die Beziehungsaufnahme erleichtern und dass eher ungewöhnliche Tiere, also nicht der klassische Hund oder die Katze, das Interesse unserer Mitmenschen verstärkt wecken und so zwischenmenschliche Kontakte fördern.

Hunt, Hart und Gomulkiewicz (1992) baten eine junge Frau, sich entweder mit einem Kaninchen oder einer Schildkröte auf eine Bank in einem Park zu setzen. Zu Vergleichszwecken dachten sich die Forscher noch zwei weitere Versuchssituationen aus. Dann hatte die junge Frau kein Tier bei sich, sondern betrachtete den Bildschirm eines tragbaren Fernsehgeräts oder produzierte große Seifenblasen. Die junge Dame war angewiesen worden, das ungefähre Alter jeder Person zu notieren, die sich ihr auf weniger als 1,5 Meter näherte und stehen blieb, um das Tier zu betrachten oder zu beobachten, was sie gerade tat. Sie sollte ebenfalls festhalten, ob die Person sie ansprach und, wenn ja, mit welchen Worten sie das Gespräch begann.

In dieser Untersuchung weckte die junge Frau das Interesse von Personen ganz unterschiedlichen Alters. Denn es näherten sich ihr Kinder von 14 Monaten an, aber auch Erwachsene von 65 Jahren.

Es zeigte sich, dass sich mehr erwachsene Männer und Frauen sowie Kinder zu der jungen Frau auf die Bank setzten und ein Gespräch mit ihr begannen, wenn sie das Kaninchen bei sich hatte. Vor allem waren es meistens Einzelpersonen, die sich durch das Kaninchen angeregt fühlten, die junge Frau anzusprechen. Hatte sie hingegen die Schildkröte bei sich oder war dabei, Seifenblasen zu produzieren, so näherten sich ihr nur Personen, die in Gruppen unterwegs waren. Die Schildkröte weckte bei Erwachsenen ein geringeres Interesse als das Kaninchen, bei Kindern hingegen war kein Unterschied festzustellen. Mit der Schildkröte erzielte sie jedoch bei allen mehr Erfolg als mit den Seifenblasen.

Hinsichtlich des Kontakts ergab sich, dass die große Mehrheit der Kinder das Tier berührte, doch nur 14 % der Erwachsenen fassten die Schildkröte an, 34 % das Kaninchen und 8 % griffen nach den Seifenblasen.

Das Tier gab mehr Anlass zu Gesprächen als die Riesenseifenblasen, und auf das Kaninchen reagierten die Passanten am wortreichsten. Die Schildkröte dagegen warf die meisten Fragen auf.

Fazit

Ein weniger konventionelles Tier erregt unser Interesse. Es ist offensichtlich sogar interessanter als eine Tätigkeit, die doch zweifellos als kurios einzustufen ist, wie etwa das Produzieren von Riesenseifenblasen. Vom Tier geht also eine ungeheure gesellschaftliche Anziehungskraft aus. Doch nach Ansicht der Autoren dieser Studie liegt seine größte Stärke darin, dass es die zwischenmenschliche Interaktion erleichtert. Denn mit einem Tier fällt es den Menschen leicht, Kontakt aufzunehmen. Eine unbekannte Person anzusprechen, erfordert nämlich Mut und die Fähigkeit, rasch ein Gespräch zu beginnen, damit die Situation nicht schwerfällig und die Konversation inhaltsleer wird. Mit einem Tier sind hierfür die besten Voraussetzungen gegeben. Wir können nach seinem Namen fragen, nach seiner Rasse und danach, was es frisst … – Fragen, die sich wunderbar als Ausgangspunkt für ein Gespräch anbieten.

42 Sagen Sie es durch die Blume oder … den Hund?
Die Wirkung eines Hundes in der Verführungskunst

Wenn der Hund erwiesenermaßen die Kontaktaufnahme zwischen Menschen erleichtert, so liegt der Gedanke nahe, dass das Spektrum der durch ihn positiv beeinflussten zwischenmenschlichen Beziehungen noch breiter sein könnte und dass dazu möglicherweise auch die Verführungskunst gehört. Wenn ein Mann versucht, die Gunst einer Frau zu erwerben, so weiß er, dass sie zunächst einmal auf seine äußere Erscheinung reagieren wird. Wichtig sind für sie aber auch bestimmte persönliche Qualitäten beim Mann. Welche Eigenschaften uns zugeschrieben werden, kann aber bekanntlich auch davon abhängen, mit welchen Dingen wir uns umgeben und wie wir uns verhalten. Vielleicht fließt ja die Tatsache, dass wir uns ein Haustier halten, in dieses Urteil ebenfalls mit ein.

Um herauszufinden, ob ein Hund die Verführung von jungen Mädchen erleichtern kann, haben wir einen 20-jährigen Mann, der von Frauen als ein hübscher Kerl bezeichnet wurde, gebeten, auf der Straße junge Frauen anzusprechen und sie um ihre Telefonnummern zu bitten (Guéguen & Ciccotti, 2008). Unsere Versuchsperson sprach einzelne junge Mädchen auf der Straße auf folgende Weise an: „Guten Tag, ich heiße Antoine. Ich habe dich gesehen und ich muss schon sagen, dass ich dich ausgesprochen hübsch finde. Ich muss jetzt zwar in die Uni, denn ich habe Vorlesung, aber würdest du mir vielleicht deine Telefonnummer geben? Ich könnte dich dann später anrufen und wir könnten gemeinsam was trinken gehen und ein wenig miteinander reden, wenn du Lust hast?" In einigen Fällen hatte unser Mitarbeiter einen Hund bei sich: einen besonders lebhaften mittelgroßen (zwölf Kilogramm schweren) Mischling mit halblangem schwarzem Fell, der nach allgemeiner Ansicht besonders „lieb" aussah.

Die Erfolge, die bei der Bitte um die Telefonnummern erzielt wurden, sind in der Grafik dargestellt.

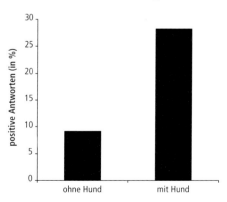

Wie man feststellen kann, wurde die soziale Interaktion anscheinend erleichtert, wenn der Hund dabei war. Zusätzliche Analysen des Verhaltens der jungen Frauen zeigten außerdem, dass die Gespräche besser verliefen, wenn der Hund dabei war. Die jungen Frauen lächelten in diesem Fall während der Unterhaltung häufiger und auch noch, nachdem sich unser Mitarbeiter von ihnen verabschiedet hatte.

Wie kommt es zu dieser Wirkung? Liegt es an der Gegenwart des Hundes oder daran, dass sein Besitzer anders wahrgenommen wird?

In einer zweiten Versuchsreihe baten wir eine Mitarbeiterin, jede der jungen Frauen zu befragen, die unser junger Mann angesprochen hatte. Sie sagte ihnen, dass der junge Mann, der sie gerade angesprochen hatte, an einer Studie über das männliche „Anbaggerverhalten" teilnahm, und sie bat sie daraufhin, an der Auswertung teilzunehmen. Die jungen Frauen sollten sich daran erinnern, was sie gedacht hatten, als der junge Mann sie ansprach, und versuchen, mithilfe verschiedener gradueller Skalen Angaben darüber zu machen, ob er gut aussah, freundlich und tolerant war und ob er mit Kindern umgehen konnte. Wie die Antworten der Frauen ausfielen, kann der Tabelle entnommen werden.

	mit Hund	ohne Hund
gutes Aussehen	7,32	7,28
Freundlichkeit	7,81	6,91
Toleranz	7,52	6,39
Umgang mit Kindern	7,37	6,12

Mit Ausnahme der Angaben zum Aussehen fiel die Beurteilung des jungen Mannes signifikant unterschiedlich aus, je nachdem, ob er einen Hund dabei gehabt hatte oder nicht. Die jungen Damen fanden ihn netter, toleranter und meinten sogar, er könne besser mit Kindern umgehen, wenn er in Begleitung eines Tieres aufgetreten war. Das aber sind alles Eigenschaften, die eine wichtige Rolle spielen, wenn Frauen Männer beurteilen.

Mit einem Welpen noch unwiderstehlicher!

Die obigen Ergebnisse lassen sich noch verbessern, wenn der „Anbaggerer" sich mit einem jungen Hund zeigt. Wir haben das oben geschilderte Experiment mit den Telefonnummern wiederholt, dieses Mal aber hatte unser Mitarbeiter einen Welpen (einen sehr hübschen und lebendigen Malinesen) bei sich oder ging alleine los. Die Erfolgsrate schnellte von 8,7 % auf 46,2 %. Wer die Frau seines Lebens finden will, sollte sich also beeilen, denn die kleinen Viecher wachsen sehr schnell.

Tätscheln Sie ein Tier in der Öffentlichkeit und Sie werden bemerkt

In unseren vorausgehenden Experimenten hielt der Mitarbeiter, der die Frauen „anbaggerte", einen Hund an der Leine und sprach in eindeutiger Absicht eine junge Frau an, denn es versteht sich von selbst, dass ein junger Mann unter solchen Umständen ein junges Mädchen nicht um seine Telefonnummer bittet, um mit ihr eine Marketingumfrage durchzuführen. Wir wollten die Wirkung des Hundes noch weiter testen und sehen, ob junge Mädchen eher auf einen Jungen aufmerksam werden, wenn er einen Hund tätschelt, obwohl zwischen dem Jungen und dem Mädchen keinerlei Interaktion stattfindet.

Um dies zu testen, haben wir folgendes Experiment durchgeführt (Guéguen & Fischer-Lokou, unveröffentlicht). Zwei junge Männer im Alter von 20 Jahren setzten sich auf der Terrasse eines Cafés in die Nähe eines Tisches mit jungen Mädchen. Sie sollten sich über ihre Arbeit und ihre Prüfungen unterhalten, dabei aber vermeiden, zu laut zu sprechen. Dann ging eine junge Dame, ebenfalls eine unserer Mitarbeiterinnen, zu ihnen, die einen Hund an der Leine hielt (einen jungen, noch ein wenig ungestümen Pyrenäenhund). Sie unterhielt sich sehr laut mit den beiden Jungen, und die in der Nähe sitzenden Gäste konnten hören, dass sie eine gemeinsame Freundin der beiden war. Daraufhin wurden zwei verschiedene Situationen manipuliert. Einmal spielte der eine der jungen Männer mit dem Hund, während der andere sich mit der jungen Dame unterhielt. In der anderen Situation beschäftigte sich dagegen der andere junge Mann mit dem Tier. Unter anderem streichelte unser Mitarbeiter den Hund und sprach mit ihm: „Bist du aber ein hübscher/ein guter/ein lieber Hund", und zwei bis dreimal gab er ihm auch ein Küsschen auf den Kopf (dem Hund gefiel dieses Experiment offensichtlich, denn später hat er unsere beiden Mitarbeiter stets freudig begrüßt). Nach einer Minute sagte die junge Frau laut, sie müsse jetzt gehen, denn sie habe „einen Termin auf dem Rathaus wegen eines neuen Personalausweises" und ging fort. Der Mitarbeiter, der mit dem Hund gespielt hatte, sagte ihr „auf Wiedersehen" und streichelte den Hund ein letztes Mal. Nachdem sie gegangen war, blieben die beiden noch eine Minute lang sitzen und unterhielten sich, bevor sie ebenfalls aufbrachen. Als sie fort waren, sprach eine andere Mitarbeiterin die jungen Mädchen am Nebentisch an und bat sie, einige kurze Fragen zu

„den beiden jungen Männern" zu beantworten, „die eine
Minute zuvor dort gesessen hatten (dabei zeigte sie auf den
Nachbartisch) und nun fort gegangen seien". Sie fügte noch
hinzu, sie führe eine Untersuchung über Verführung durch
und die beiden jungen Männer seien Mitarbeiter ihres Teams
gewesen. Die jungen Mädchen wurden gefragt, ob sie die
beiden Jungen bemerkt hätten (100 % gaben an, dass sie sich
an die beiden erinnerten). Dann bat man sie zu versuchen,
deren Kleidung (Farbe des T-Shirts, Halstuch), physische
Merkmale (Haarfarbe und -länge, Augenfarbe, …) oder
irgendeine andere Besonderheit (z. B. eine Tasche) zu beschreiben. Anhand dieser Informationen ließ sich ein Wert
für die korrekte Erinnerung und Wiedergabe der körperlichen Merkmale und der Kleidung der beiden Jungen ermitteln, je nachdem, ob diese den Hund der jungen Mitarbeiterin getätschelt hatten oder nicht. Folgendes kam dabei
heraus:

	Mitarbeiter 1	Mitarbeiter 2
tätschelt den Hund	4,84	5,78
tätschelt den Hund nicht	3,11	4,03

Mittlere korrekte Erinnerung an die charakteristischen
Merkmale der Mitarbeiter

Man stellt fest, dass sich die jungen Mädchen besser an die
charakteristischen Merkmale desjenigen Mannes erinnern,
der sich liebevoll mit dem Hund beschäftigt hatte. Wahrscheinlich erregt ein solches Verhalten die Aufmerksamkeit
der jungen Frauen stärker, weil sie damit bestimmte Eigenschaften verbinden, etwa Nettigkeit, die Fähigkeit zu liebevoller Zuwendung und Interesse für den anderen. Sie nehmen so den jungen Mann verstärkt wahr und erinnern sich

später an mehr Details (Kleidung, Einzelheiten seines äußeren Erscheinungsbildes, ...).

Selbst ein Foto reicht

Der Hund erweist sich also als wirksamer Helfer bei der Verführung, doch die Katze steht ihm in nichts nach. Auch sie kann ein effizienter Partner sein, wenn wir uns im Dschungel der im Internet verfügbaren Kontaktanzeigen bemerkbar machen wollen. In einer vor Kurzem durchgeführten Untersuchung (Guéguen & Ciccotti, unveröffentlicht) haben wir Männer und Frauen gesucht, die über Kontaktanzeigen auf besonderen Websites eine verwandte Seele suchten. Wir beschränkten uns dann auf diejenigen, die angaben, ein Tier zu besitzen. Wir baten sie, Fotos ins Netz zu stellen, auf denen sie einmal mit und einmal ohne Tier zu sehen waren (es handelte sich um einen Hund oder eine Katze). Über einen Zeitraum von fast acht Monaten wechselten sie die Fotos monatlich aus (einen Monat lang erschien das Foto mit dem Tier, im nächsten ohne). Dann wurde gemessen, wie häufig die Website aufgesucht wurde und, insbesondere, ob sie wiederholt aufgerufen und ob um Kontakt gebeten wurde.

Es zeigte sich, dass die Anzeige durchschnittlich um 17 % häufiger wiederholt aufgerufen wurde, wenn ein Tier zu sehen war, und dass auch die Bitten um Kontakt um 11 % stiegen. Die Ergebnisse sind jedoch sehr nuanciert zu betrachten, je nachdem, wer die Anzeige aufgegeben hatte. Stammten die Anzeigen nämlich von Frauen (und wurden also von Männern aufgesucht), so stieg die Zahl der erneuten Aufrufe nur um 6 % und die der Kontaktanfragen um 4 %. Bei Männern (deren Anzeigen folglich von Frauen aufgerufen wurden) führte die Anwesenheit des Tieres dagegen dazu, dass die Frauen diese Site um 24 % häufiger noch einmal anklickten und dass sie um 17 % häufiger Kontakt aufnehmen wollten. Für einen Mann erweist es sich also offensichtlich als vorteilhafter, sich mit seinem Lieblingstier zu zeigen, als für eine Frau. Wahrscheinlich deuten Männer und Frauen die Anwesenheit des Tieres nicht auf dieselbe Weise. Bei einer Frau erwartet man schon eher, dass sie sich mit einem Tier umgibt – es ist üblicher. Außerdem legt der Mann bekanntlich bei dieser Art von Begegnung mehr Wert auf das Äußere der Frau (Guéguen, 2007), und dem Tier misst er weniger Bedeutung zu. Frauen dagegen versuchen, mehr über die persönlichen Eigenschaften des Mannes in Erfahrung zu bringen, der eine Annonce aufgegeben hat. Und ein Tier lässt sie auf gute Charaktereigenschaften schließen. Das wiederum veranlasst sie, eine eventuelle Kontaktaufnahme ins Auge zu fassen.

Es funktioniert aber auch bei Frauen!

In dem vorausgehenden Experiment haben wir gesehen, dass ein Tier in Kontaktanzeigen von Frauen nicht ganz so positiv wirkt. Wir sollten uns allerdings vor Verallgemeinerungen hüten.

Denn in einer erst kürzlich durchgeführten Studie (Guéguen, in Vorbereitung) haben wir junge Frauen im Alter von 20 bis 22 Jahren, die von gleichaltrigen Männern als attraktiv bezeichnet wurden, gebeten, sich mit einem Hund an der Leine auf die Terrassen verschiedener Cafés zu setzen. Das Experiment haben wir in den Restaurants rund um den Yachthafen einer Touristenstadt durchgeführt. In verschiedenen Situationen hatte unsere Mitarbeiterin entweder einen zweijährigen bretonischen Spaniel, einen drei Monate alten

Welpen derselben Rasse oder aber gar keinen Hund bei sich. Die jungen Mädchen sollten 30 Minuten lang im Café sitzen bleiben. Während dieser Zeit wurde festgehalten, wie lange ein Mann brauchte, um sie anzusprechen (um Feuer zu bitten, guten Tag zu sagen, zu fragen, ob er sich setzen dürfe). Die jungen Damen sollten ebenfalls notieren, unter welchem Vorwand die Männer sie ansprachen.

	Versuchssituation	
Welpe	**ausgewachsener Hund**	**kein Hund**
5'34"	12'08"	26'16"

Durchschnittliche Zeit, um eine junge Frau anzusprechen (in Minuten und Sekunden)

Das Mindeste, was wir feststellen können, ist, dass es nicht lange dauerte, bis unsere Damen mit dem Welpen angesprochen wurden. Bei diesem Experiment konnten noch zwei zusätzliche Beobachtungen gemacht werden. Wenn der erwachsene Hund oder der Welpe dabei waren, verstand es sich von selbst, dass der Vorwand, unter dem die junge Dame angesprochen wurde, der Hund war („das ist aber ein hübscher Hund", „ist der aber niedlich", …). Selbstverständlich entfiel dieser Vorwand, wenn sie keinen Hund bei sich hatte. Aber auch das scheint wieder nur zu beweisen, dass der Hund die Kontaktaufnahme erleichtert (Abschnitt 41): Er ist der beste Vorwand, um ein Gespräch zu beginnen. Außerdem stellten unsere jungen Damen fest, dass mehr reifere Männer sie ansprachen, wenn sie den Hund, vor allem den Welpen bei sich hatten. Auch hier könnte der Hund das Mittel sein, das den Weg für die Gesprächsaufnahme ebnet. Aufgrund des Altersunterschieds fällt diese reiferen Männern nämlich noch schwerer.

Fazit

Ein Mann oder eine Frau in Begleitung eines Hundes wird anders wahrgenommen, als wenn sie alleine sind. Wir ordnen den Menschen dann unterschiedliche persönliche Eigenschaften zu. Dies hat sicherlich damit zu tun, dass wir automatisch bei Menschen, die sich mit Tieren beschäftigen, bestimmte Charaktereigenschaften vermuten. Es können aber auch negative Stereotype zur Geltung kommen, vor allem dann, wenn die Person sich mit einem Hund umgibt, den wir als lächerlich empfinden oder der als aggressiv gilt, wie die Kampfhunde mit ihrem Maulkorb. Männer scheinen gerne davon zu profitieren, dass sie mit Tier bei Frauen mehr Chancen haben. Auf jeden Fall ist klar, dass der Hund auch hier die zwischenmenschlichen Beziehungen und die Kontaktaufnahme zum anderen Geschlecht erleichtert.

43 Männer mögen's blond
Der Einfluss der Fellfarbe des Hundes auf die sozialen Interaktionen mit seinem Herrchen

Es ist nun einmal eine Tatsache, dass Männer Blondinen bevorzugen. Eine Anhalterin wird von Autofahrern eher mitgenommen, wenn sie eine blonde Perücke trägt, als wenn dieselbe Perücke braun oder mittelblond ist (Guéguen & Lamy, 2009). Freedman (1986) zufolge sind 30 % der Miss America in den USA blond, obwohl der Prozentsatz der blonden Frauen im Land nur 5 % beträgt. Und auch in den Herrenmagazinen sind Blondinen zehnmal häufiger vertreten als in der weiblichen Bevölkerung. Außerdem weiß man, dass Männer langhaarige Frauen bevorzugen (Jacobi & Cash, 1995), weil sie lange Haare mit Gesundheit und Jugend assoziieren (Hinsz, Matz & Patience, 2001).

Könnte es sein, dass solche Vorlieben auch bei der Fellfarbe unseres treuesten Freundes, des Hundes, eine Rolle spielen?

Um dies herauszufinden, haben Wells und Hepper (1992) eine Untersuchung an einer repräsentativen Population von Erwachsenen in Nordirland durchgeführt. Sie zeigten ihren freiwilligen Versuchspersonen Fotos von Hunden derselben Rasse und Größe, aber mit unterschiedlicher Fellfarbe (entweder schwarz oder strohgelb), wobei das Fell der Hunde entweder lang, mittellang oder kurz war. Die Versuchspersonen mussten sagen, welchen der Hunde sie wählen würden, wenn sie sich einen Hund anschaffen sollten. Gleichzeitig untersuchten die Forscher, wie viele Hunde einer Rasse von einem neuen Herrchen aus einem Tierheim geholt wurden, wobei sich der Zeitraum der Untersuchung nach der Zahl der im Heim verfügbaren Tiere richtete.

Die Auswertung der Fotostudie ergab, dass die Hunde mit strohgelbem Fell gegenüber den schwarzen bevorzugt wurden (65 % gegenüber 35 %). Außerdem wurden langhaarige Hunde oder solche mit mittellangem Fell lieber gewählt als kurzhaarige (63 % gegenüber 37 %). Diese Präferenz für die Felllänge oder -farbe war allerdings eher bei Männern als bei Frauen zu beobachten.

Auch bei den Hunden aus dem Tierheim zeigte sich, dass das konkrete Verhalten der neuen Besitzer in sehr hohem Maße mit den Ergebnissen der Fotostudie übereinstimmte. Hunde mit strohfarbenem oder sogar weißem Fell werden nämlich sehr viel häufiger genommen als solche mit schwarzem oder braunem Fell.

Haarfarbe und Vorliebe für die Farbe des Hundes

In Abschnitt 12 haben wir gesehen, dass Menschen in der Lage waren, Herrchen und Hund einander zuzuordnen, wenn man ihnen Fotos vorlegte, auf denen die Gesichter der Besitzer und die Köpfe der Hunde zu sehen waren. Diese erfolgreiche Zuordnung lässt vermuten, dass sich physische Übereinstimmungen zwischen Herrchen und Hund finden lassen, die es ermöglichen, die richtigen Paare herauszufinden. Man mag sich nun die Frage stellen, ob physische Übereinstimmungen nicht auch eine Rolle spielen, wenn wir uns ein Tier aussuchen.

Um dies zu testen, haben wir (Guéguen, unveröffentlicht) Studenten und Studentinnen Fotos von normalen Hauskatzen mit unterschiedlicher Fellfarbe gezeigt (schwarz, schwarz/weiß, rot, beige, hellbraun, …). Die Fotos waren so retuschiert worden, dass alle Katzen gleich groß erschienen und keinerlei Hinweis auf die Umgebung zu erkennen war. Wir sagten den Teilnehmern, es handele sich hier um Katzen, die sich zurzeit im Tierheim befänden, und Ziel der Studie sei es, sich vorzustellen, welche davon sie als Haustier mit nach Hause nehmen würden. Dann wurden sie aufgefordert, anhand der zehn Fotos das Kätzchen zu benennen, das ihnen am besten gefiel und am meisten dem Tier entsprach, das sie für sich auswählen würden.

Es zeigte sich eine klare Präferenz für Katzen mit hellerer Fellfarbe (hellbraun, beige und weniger schwarz oder braun). Außerdem beobachtete man eine Übereinstimmung zwischen der Haarfarbe der Versuchsperson und der Fellfarbe der Katze. Personen mit hellen Haaren bevorzugten ganz eindeutig Katzen mit hellbraunem, strohfarbenem oder beigefarbenem Fell, und jene mit roten Haaren entschieden sich vorzugsweise für Katzen mit rötlichem Fell oder einem Fell, in dem das Rot dominierte. Dies wurde allerdings nur bei Frauen beobachtet. Denn die Männer bevorzugten ganz eindeutig Katzen mit heller Fellfarbe, wobei allerdings ihre eigene Haarfarbe die Entscheidung nicht beeinflusste.

Fazit

Es hat also den Anschein, als würden unsere ganz alltäglichen ästhetischen Vorlieben auch bei der Wahl der Fellfarbe unserer treuesten Gefährten zum Tragen kommen. Das zeigt sich verstärkt bei Männern, die eindeutig eine Vorliebe für langhaarige Hunde und solche mit heller, ins Strohgelbe gehender Fellfarbe haben. Bei den Frauen ist außerdem noch eine Verbindung zwischen ihrer eigenen Haarfarbe und der Fellfarbe einer Katze festzustellen. Wir scheinen also einen gewissen physischen oder ästhetischen Narzissmus auf das von uns ausgewählte Tier zu projizieren. Offensichtlich suchen wir nach einem Tier, das gewisse Übereinstimmungen mit uns selbst aufweist.

44 Struppi als Lehrer
Der Einfluss eines Hundes auf das Verhalten von Schülern in einer Schulklasse

Wir haben aufgezeigt, dass sich die Interaktion mit Tieren und vor allem mit Hunden, Katzen, Pferden oder Delfinen positiv auf Kinder mit Verhaltensstörungen oder physischen beziehungsweise geistigen Behinderungen auswirkt. Man weiß aber auch, dass sich das Tier für Kinder ohne derartige Störungen oder Behinderungen in einer ganz alltäglichen Umgebung als nützlich erweisen kann, insbesondere im Rahmen der Schule. Denn normale Schüler verhalten sich in der Schule laut, leben ihre Konflikte aus, sind gegenüber ihren Mitschülern aggressiv oder werden selbst zum Ziel von Aggression, sie hören ihren Lehrern nicht zu ... Es hat sich nun gezeigt, dass die Anwesenheit eines Tieres all diese Verhaltensweisen beeinflussen kann. In zahlreichen Studien über den Einfluss eines Tieres auf das Verhalten von Schülern wurden Tiere ins Klassenzimmer mitgenommen und so lange dort gelassen, bis die Schüler sich an sie gewöhnt hatten und man ihr Verhalten evaluieren konnte.

Kotrschal und Ortbauer (2003) wollten sehen, wie sich die Anwesenheit eines Hundes auf das Verhalten von etwa siebenjährigen Schülern einer Klasse einer österreichischen Schule auswirkte (in Deutschland entspräche das der ersten Grundschulklasse). Es wurden drei verschiedene Hundetypen eingesetzt (ein Golden-Retriever-Rüde, eine Husky- und eine Mischlingshündin). Diese Hunde galten als sehr gutmütig und zutraulich. Zwei von ihnen waren außerdem zu Therapiezwecken ausgebildet. Der Hund lag in einer Ecke der Klasse auf einem Teppich. Vor Beginn des Experiments waren die Kinder bereits fünf Monate lang gemeinsam unterrichtet worden. Man hatte ihnen beigebracht, wie sie sich um den Hund kümmern sollten, wie mit ihm umzugehen war und dass sie ihn zu respektieren hatten. Sie wurden aber noch einmal aufgefordert, ihn nicht zu ärgern, wenn er auf seinem Teppich lag. Mithilfe einer Weitwinkelkamera konnte das Geschehen in der Klasse aufgezeichnet und somit eine große Anzahl der Verhaltensweisen der Schüler analy-

siert werden: saßen sie still oder nicht, entfernten sie sich von
ihrem Platz, erschienen sie konzentriert oder nicht, konzentrierten sie sich auf die Lehrerin, wenn diese etwas erklärte,
schauten sie an die Tafel, wenn sie etwas anschrieb, berührten sie Dinge, drehten sie sich um, lachten sie, machten sie
Witze, hänselten sie sich gegenseitig oder rempelten sie ihre
Mitschüler an … Insgesamt wurden 25 verschiedene Verhaltensweisen analysiert, selbstverständlich sowohl wenn der
Hund in der Klasse war als auch ohne Hund. Die Beobachtungen wurden allerdings nur durchgeführt, wenn der Hund
ruhig auf seinem Teppich lag oder schlief.

Es zeigte sich, dass die Kinder weniger einzeln und dafür
mehr in der Gruppe agierten, wenn der Hund anwesend war.
Außerdem blieben sie häufiger an ihrem Platz sitzen und
sprachen weniger laut. Sie zeigten sich auch konzentrierter
und leisteten den Anweisungen der Lehrerin besser Folge.
Bei allen aggressiven Verhaltensweisen (Sticheleien, Zunge
herausstrecken, Schläge, Beleidigungen, …) war ein Rückgang festzustellen, wenn der Hund in der Klasse war. Es sei
noch angemerkt, dass diese allein auf die Anwesenheit des
Hundes zurückzuführenden positiven Auswirkungen auf das
Verhalten bei den Jungen ganz besonders ausgeprägt waren.
Jungen sind bekanntlich undisziplinierter und aggressiver
untereinander als Mädchen.

Die bloße Anwesenheit des Hundes lenkt also nicht etwa
die Aufmerksamkeit der Kinder ab, sondern verbessert das
Verhalten der Schüler in der Klasse und wirkt sich positiv auf
ihr Sozialverhalten aus, denn die physischen und verbalen
Aggressionen gehen zurück, und gleichzeitig wird der
Zusammenhalt in der Gruppe gestärkt.

In dieser Untersuchung war der Hund einen Monat lang
in der Klasse, und es wurde das Verhalten der Schüler mit
ihrem Verhalten einen Monat zuvor verglichen. Man hätte
vermuten können, dass nach einer gewissen Zeit das natürli-

che Verhalten wieder die Oberhand gewinnen und die Anwesenheit des Hundes ihre Wirkungskraft verlieren würde. Die Untersuchung scheint jedoch zu beweisen, dass die Wirkung andauert und dass auch noch andere Faktoren durch die Anwesenheit des Tieres beeinflusst werden.

Hergovich, Monshi, Semmler und Zieglmayer (2002) haben zwei äquivalente Klassen mit Kindern von durchschnittlich 6,5 Jahren beobachtet: In der einen Klasse war drei Monate lang jeden Tag ein Hund anwesend und in der anderen nicht. Um die Äquivalenz der Gruppen und die Wirkung des Hundes einzuschätzen, wurden die Kinder vor Beginn der Beobachtungsphase und noch einmal drei Monate danach einer ganzen Reihe psychometrischer Tests unterzogen. Mit diesen, für Kinder dieses Alters geeigneten Tests ließ sich die soziale Intelligenz der Kinder ermitteln, das heißt ihre Fähigkeit, die Bedeutung von Gefühlen zu erkennen, die sich am Gesichtsausdruck ablesen lassen. Es wurde auch ihre Empathie gegenüber Tieren getestet („Glaubst du, dass Tiere Angst haben können?", „Glaubst du, dass Tiere sich untereinander verständigen können?"). Auch die Lehrer mussten eine Skala ausfüllen, mit deren Hilfe der Grad an Soziabilität, sozialer Integration und Aggressivität für jeden Schüler bestimmt werden sollte. Dies geschah sowohl vor als auch nach der Beobachtungsphase.

Bei einem Vergleich der beiden Schülergruppen zeigt sich, dass mit Ausnahme der Soziabilität die Gruppe, in deren Klasse ein Hund anwesend war, in allen Bereichen höhere Werte erzielt hatte. Es bestätigt sich also, dass die Fähigkeit zur Empathie (bzw. der Wert für die soziale Intelligenz) durch die Anwesenheit des Tieres positiv beeinflusst wird. Das bedeutet nach Ansicht der Forscher, dass sich durch die Anwesenheit des Tieres die Art und Weise ändert, wie Kinder Gefühle deuten. In ihrem Alter ist es ihnen nämlich kaum möglich, feinere emotionale Komponenten über die Sprache

	mit Hund	mit Hund	ohne Hund	ohne Hund
	Beginn der Beobachtung	Ende der Beobachtung	Beginn der Beobachtung	Ende der Beobachtung
Empathie mit dem Tier	9,5	12,5	10,5	11,1
soziale Intelligenz	7,4	8,5	7,4	7,2
Soziabilität	2,3	1,7	2,1	2,6
soziale Integration	1,96	1,6	1,7	1,6

Mittlere gemessene Unterschiede (ein höherer Wert weist auf eine Steigerung der gemessenen Empathie und sozialen Intelligenz hin, und ein niedrigerer Wert bedeutet mehr Soziabilität und soziale Integration)

zu analysieren. Um Gefühle zu deuten, müssen sich die Kinder folglich auf das stützen, was sie sehen (Weinen, Schmollen, Traurigsein, …). Der Hund spricht ja nicht (selbst wenn er, wie wir einräumen müssen, mit uns kommuniziert), und dem Kind bleibt nichts anderes übrig, als ihn zu beobachten, wenn es herausfinden will, wie er sich fühlt. Wenn es dies wiederholt tut, lernt das Kind, diese Methode der Analyse auf ganz natürliche Weise auch auf seine Altersgenossen anzuwenden und zu erkennen, wie diese sich fühlen.

Diese Erklärungshypothese wird außerdem durch die Ergebnisse einer neueren Untersuchung bestätigt, die aufzeigt, dass die Beobachtung ebenso wichtig ist wie eine Sensibilisierung oder wie Lernen durch Unterricht. Tissen, Hergovich und Spiel (2007) haben das oben geschilderte Experiment in gleicher Form wiederholt. Bei ihnen war jedoch die Kontrollgruppe (also die Klasse ohne Hund) zuvor dafür sensibilisiert worden, wie wichtig konfliktfreie soziale Beziehungen sind (in Form von Spielen, Übungen und Situationsanalysen). In einer zweiten Gruppe mit Hund war dies ebenfalls ein Thema gewesen. Bei einer dritten Gruppe lag zwar der Hund im Klassenraum, den Kindern war aber zuvor nicht erklärt worden, dass soziale Beziehungen wichtig sind.

In allen drei Gruppen ging die Aggressivität der Kinder zurück, am meisten jedoch in der Gruppe Hund plus Sensibilisierung. Dafür zeigten die Kinder in der Gruppe ohne Hund, aber mit Sensibilisierung den gleichen Grad an verminderter Aggressivität wie die in der Gruppe mit Hund und ohne Sensibilisierung. Dies bedeutet also, dass allein die Anwesenheit des Hundes ausreicht, die gleiche Wirkung zu erzielen wie eine Sensibilisierung, und es belegt, dass das Kind durch die Beobachtung des Tieres ganz allein die Bedeutung von Beziehungen erkennt und sie analysieren kann. Überträgt es diese Methode auf sein Verhältnis zu seinen Mitschülern, so führt dies zu einem Rückgang der Konflikte mit anderen Kindern und folglich zu einer verminderten Aggressivität.

Fazit

Die bloße Anwesenheit eines Hundes in einer Klasse von nicht verhaltensgestörten oder nicht behinderten Kindern beeinflusst deren Verhalten im Klassenverband positiv, verbessert ihre Beziehungen zueinander und verringert die

Aggressivität sowie schädigendes Verhalten. Vermutlich ist diese Wirkung darauf zurückzuführen, dass die Kinder aus der Beobachtung des Tieres deduktiv Schlüsse ziehen. Dies lässt weitere Anwendungsmöglichkeiten ins Auge fassen, denn wenn schon die bloße Anwesenheit des Tieres solche Wirkungen erzielt, kann man sich leicht vorzustellen, welche Erfolge erst möglich wären, wenn die Kinder Gelegenheit hätten, sich ausgiebiger mit den Tieren zu beschäftigen und sich um sie zu kümmern.

45 Gar nicht so dumm!
Die Auswirkung der Interaktion mit einem Tier auf die schulische Leistung von Kindern

Wir haben gerade gesehen, dass die Anwesenheit eines Hundes das Sozialverhalten sowie die Konzentration von Schülern in einer Klasse beeinflusst. Einige Forscher haben sich nun zu Recht die Frage gestellt, ob sich ein Tier auch auf die schulischen und kognitiven Leistungen auswirken würde.

In dem Experiment von Hergovich, Monshi, Semmler und Zieglmayer (2002) wurden zwei Schulklassen untersucht, die sowohl in Bezug auf die Schulstufe als auch auf ihre Fähigkeiten äquivalent waren. Es handelte sich dabei um Kinder, die die erste Klasse einer österreichischen Schule besuchten. In einer der beiden Klassen war drei Monate lang täglich ein Hund anwesend, in der anderen dagegen nicht. Um die Äquivalenz der beiden Gruppen zu Beginn der Untersuchung festzustellen und um die Wirkung des Tieres auf die

Entwicklung bestimmter kognitiver Fähigkeiten zu beurteilen, wurden die Kinder vor Beginn der Beobachtungsphase und dann noch einmal drei Monate danach einem psychometrischen Test unterzogen. Es handelte sich dabei um einen Test zur Messung der Feldunabhängigkeit, mit dem die Fähigkeit des Kindes gemessen wird, in Darstellungen komplexer Gegenstände einfachere Objekte wiederzuerkennen (z. B. zwei Augen, die die Räder eines Lastwagens bilden). Da viele Formen integriert sind, lässt sich auf diese Weise die Fähigkeit des Kindes ermessen, unabhängige Elemente herauszufiltern. Dies gibt Aufschluss über die Fähigkeit des Kindes zur Feldunabhängigkeit. Es ist bekannt, dass dieser Test, der aufgrund des Alters der Kinder mit grafischen Mitteln arbeitet, verlässliche Aussagen über die logischen Fähigkeiten, die räumliche Vorstellungskraft und den Wortschatz liefert. Die Grafik gibt die Werte wieder, die von den Kindern beider Klassen in diesem Test nach dem dreimonatigen Versuch erreicht wurden.

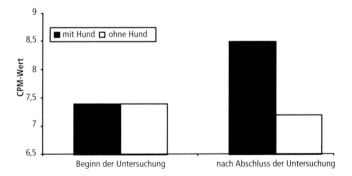

Die Kinder in der Klasse ohne Tier zeigen nach drei Monaten keinerlei Entwicklung (dies ist bei dieser Art von Test angesichts der geringen Dauer von nur drei Monaten völlig normal). Der Durchschnittswert der Kinder in der Klasse mit Hund ist indes gestiegen. Auch dieses Mal gelangten die Forscher zu der Überzeugung, dass die Beobachtung des Tieres – mit dem sie nicht verbal kommunizieren konnten und das sie deshalb genau anschauen mussten, um zu erschließen, was es will oder was es tut –, den Kindern hilft, sich auf Details im Verhalten des Hundes zu konzentrieren (sich lecken, mit dem Schwanz wedeln, …). Dadurch lernten sie, von einem einzigen beobachteten Detail auf eine allgemeinere Disposition zu schließen. Und um genau diese Fähigkeit ging es in dem oben genannten Test.

Abgesehen davon, dass das Tier bestimmte kognitive Fähigkeiten beeinflusst, wie wir im oben geschilderten Experiment gezeigt haben, ist auch bekannt, dass es die schulischen Leistungen fördern kann, weil es den sozialen Zusammenhalt der Gruppe in der Klasse stärkt. Denn in einer Klasse gibt es immer Kinder mit schneller Auffassungsgabe und andere, die sich schwerer tun. Natürlich gibt der Lehrer den schwächeren Schülern besondere Hilfestellungen (dies geschieht ja auch in unseren Schulen), aber es ist auch denkbar, dass die schwächeren Schüler davon profitieren könnten, wenn sich die Kinder gegenseitig unterstützten.

In einer Studie, bei der wir dieses Mal nicht einen Hund, sondern eine Katze einsetzten, wollten wir (Guéguen & Vion, unveröffentlicht) untersuchen, wie sich das Tier auf das Verständnis der Schüler und die gegenseitige Hilfe der Kinder in der Klasse auswirkt.

Mit einem Wurf drei Monate alter Kätzchen gingen wir in eine zweite Klasse. Die Katzenkinder waren daran gewöhnt, von Kindern in die Hand genommen zu werden, denn sie stammten aus einer Familie mit vier kleinen Kindern. Wir wollten, dass die Schulkinder die Kätzchen streichelten, aber vor allen Dingen sollten sie sich danach in Form eines Spieles mögliche Vornamen für jedes der Tierchen ausdenken. Wir hatten mit der Lehrerin abgesprochen, dass wir, bevor wir die Klasse wieder verließen, die Kinder bitten würden, dass jedes von ihnen versucht, „ein kleines Gedicht oder einen Liedtext über die Kätzchen zu verfassen". Dabei sollten sie „möglichst wenige Fehler machen und hübsche Reime finden". Die Texte wollten wir nämlich der Familie schenken, und „es wäre doch schade, wenn Fehler darin wären oder sie nicht richtig gelungen wären". Dann ließen wir die Kinder alleine (wir hatten etwa eine Stunde in der Klasse verbracht), damit sie sich ihrer Arbeit widmen konnten, für die ihnen 40 Minuten zur Verfügung standen. Die Lehrerin sollte dabei das Verhalten der Kinder beobachten, aber nicht eingreifen. Diesen Versuch führten wir in drei Klassen durch (mit Kätzchen). Drei andere dienten als Kontrollgruppen. Ihnen wurde die gleiche Aufgabe gestellt, aber sie hatten zuvor keinen Kontakt zu den Tieren. Die von den Schülern erstellten Texte wurden dann von Pädagogikstudenten im letzten Studienjahr ausgewertet. Sie sollten jeden Text benoten unter Berücksichtigung des Inhalts, der Orthografie und der Grammatik. Uns war bekannt, welche der Texte von den Schülern mit den größten Schwierigkeiten in der Schule stammten, allerdings war dies auf den Texten nicht vermerkt, denn die waren lediglich mit einem Buchstaben bezeichnet, der den Leistungsstand des Schülers angab (A: gute Leistungen, B: mittlerer Leistungsstand und C: Schwierigkeiten). Die beurteilenden Studenten konnten deren Bedeutung also nicht erraten. Die Lehrer und Lehrerinnen der Schüler sollten die Kooperationsfähigkeit ihrer Schüler ganz allgemein mithilfe einer Skala von 1 (schlechte Kooperation der Kinder während der Aufgabe) bis 10 (gute Kooperation) bewerten. In Einzelgesprächen hatten wir die Lehrer der Schüler noch um einige zusätzliche Informationen gebeten. Dabei ging es um das Verhalten der Schüler untereinander, ihre Konflikte und das Klassenklima. Die Ergebnisse unseres Versuchs sind in der Tabelle aufgeführt.

	Beurteilung des Textes	Orthografie und Grammatik	Kooperation der Kinder unter- einander
Klassen mit Katzen	8,2/10	8,8/10	7,3/10
Klassen ohne Katze	7,4/10	7,1/10	5,9/10

Durchschnittliche Noten der von den Kindern produzierten Texte und Bewertung der Kooperationsfähigkeit in der Klasse durch die Lehrer

Bei allen berücksichtigten Variablen zeigte sich ein Unterschied zwischen den beiden Klassentypen. Bei den schulischen Leistungen war festzustellen, dass die schwachen Schüler ganz besonders profitiert hatten, vor allem weil sie von den guten Schülern unterstützt worden waren, die die geforderte Aufgabe rascher bewältigt hatten. Wie schon in den vorausgegangenen Untersuchungen (Abschnitt 44) gaben die Lehrer an, die Atmosphäre sei mit den Kätzchen in der Klasse entspannter und fröhlicher gewesen, die Kinder hätten sich weniger gegenseitig gehänselt und seien weniger aggressiv gewesen. Sie hätten weniger „gepetzt" und sich seltener gestritten.

Fazit

Die Anwesenheit eines Haustieres wirkt sich also nicht nur auf das Verhalten aus, sondern beeinflusst auch bestimmte kognitive Fähigkeiten, und dies wiederum fördert die Kooperationsbereitschaft und die gegenseitige Hilfe der Schüler untereinander. Diese Untersuchungen sind von großem praktischen Interesse, denn hier haben wir es nicht mit den Auswirkungen des Spielens und der täglichen Interaktion mit dem Tier zu tun, sondern mit dem positiven Einfluss seiner bloßen Anwesenheit. Das Tier ist ganz einfach da, und die Dinge verändern sich.

46 Aibo, der Hunderoboter!
Vergleich der Interaktion eines Kindes mit einem Spielzeugroboter und einem richtigen Hund

Jeder von uns hat wohl schon einmal den Spielzeugroboter Aibo (Artificial Intelligence roBOt) gesehen oder von ihm gehört (viele französische Familien haben sich bereits einen angeschafft). Aibo ist nichts weiter als ein von der Firma Sony entwickelter kleiner Hunderoboter, der über bestimmte „kognitive" Fähigkeiten und Verhaltensweisen verfügt, wie sie auch beim Hund anzutreffen sind. Er erkennt uns wieder und begrüßt uns freudig, er will gestreichelt werden und er kann mit uns spielen … In einer Zeit der extremen Virtualität, in der wir in gesellschaftlichen Parallelwelten leben und uns solide Netzwerke von Freunden schaffen können, denen wir niemals persönlich begegnen, ist auch Aibo nur ein weiterer Bestandteil dieser völlig immateriellen Beziehungswelt, obwohl er ganz real ist, aber ein richtiger Hund ist er eben doch nicht. Da dieses Produkt für Kinder bestimmt ist, haben sich Forscher gefragt, ob sich die Kleinen wohl gegenüber einem richtigen Hund anders verhalten als gegenüber Aibo.

Ribi, Yokoyama und Turner (2008) haben drei- bis sechsjährige Kinder entweder mit Aibo oder aber mit einem lebendigen Mischlingshund konfrontiert, der genauso groß war wie der Hunderoboter. Keines der Kinder besaß selbst einen Hund, einige hatten allerdings andere Haustiere (z. B. eine Katze, ein Kaninchen). Die Kinder wurden mehrere Wochen lang dabei beobachtet, wie sie mit dem Roboter beziehungsweise mit dem Hund umgingen. Festgehalten wurde etwa, ob die Interaktion vom Kind ausging, das heißt ob es von sich aus den Kontakt zu dem Tier oder dem Roboter aufnahm. Die Beobachtungen dauerten jeweils nur eine Minute, denn man wollte sehen, wie die Interaktionen mit dem Roboter beziehungsweise dem Hund jeweils begannen. Diese Beobachtungsphasen wurden häufig wiederholt (insgesamt elfmal), um zu sehen, ob sich das Kind an die Situation gewöhnte und wie sich sein Verhalten mit der Zeit entwickelte. Nach Beendigung des Experiments wurden die Kinder gefragt, ob ihnen der Roboter besser gefallen habe oder der Hund.

Die Ergebnisse zeigten, dass die Kinder eher auf den Hund zugingen als auf den Roboter.

Die Kinder berührten den Roboter und den Hund gleich oft, und sie lachten mit beiden auch gleich häufig. Allerdings nahmen sie den richtigen Hund häufiger in den Arm als den Roboter.

Außerdem ergab die Analyse der Präferenz, dass 71,4 % der Kinder dem Hund den Vorzug gaben, 21,4 % mochten beide gleich gern, und 7,2 % gaben an, ihnen gefalle der Roboter besser.

Anscheinend erregt ein richtiger Hund mehr Interesse als ein Roboter, auch wenn dieser sich wie ein Hund verhält und sehr aktiv ist und den wichtigen Vorteil für sich verbuchen kann, ein modernes Spielzeug zu sein, das Kinder fasziniert.

Nicht alle Ersatztiere sind Roboter. Es gab auch verschiedene Studien über andere Formen der Präsentation von Tieren. Viele dieser Untersuchungen ergaben, dass nichts mit einem echten Tier konkurrieren kann.

Limond, Bradshaw und Comak (1997) haben mit acht- bis zwölfjährigen Kindern mit Down-Syndrom gearbeitet. Es handelte sich dabei um eine therapeutische Arbeit, deren Ziel darin bestand, die Kinder in ihren sozialen Interaktionen zu fördern. Der Therapeut brachte zu den Lernsitzungen mit den Kindern abwechselnd einen richtigen Hund oder ein Stofftier mit. Jede Lerneinheit dauerte sieben Minuten, auf die unmittelbar eine zweite folgte. Abwechselnd war dabei ein richtiger Hund anwesend oder aber ein Stoffhund. Man sagte dem Kind in der ersten Sitzung, der Hund sei nun müde und müsse schlafen gehen, aber es würde gleich ein anderer kommen. Dieses Vorgehen wurde sechs Wochen lang wiederholt. Der Hundebesitzer sollte die Kinder auffordern, sich mit dem Hund zu befassen („Welche Farbe hat er?"). Außerdem erlaubte er den Kindern, nach und nach immer mehr Kontakt zu dem Tier aufzunehmen. Es wurde ein Ethogramm erstellt (ein Katalog aller beobachteten Verhaltensweisen). Anhand von Videoaufzeichnungen der Sitzungen analysierte man das verbale beziehungsweise nonverbale Verhalten der Kinder, ihre Blicke, ihre Reaktionen auf den Erwachsenen und die von ihnen ausgehenden Handlungen. Zudem wurde registriert, wie lange und wie häufig sie den Hund, die Person oder einen anderen Gegenstand anschauten.

Die Ergebnisse auf S. 212 zeigen, dass die Anwesenheit des Hundes das Kind anregt, sich häufiger verbal zu äußern, und zwar sowohl im Hinblick auf den Hund als auch auf

	Hund	Stofftier
Dauer des Blicks (in Sek.)	302,5	211,8
nonverbale Initiativen	6,6	6,3
verbale Initiativen	11,1	2,5
nonverbale Reaktion auf den Hundebesitzer	14,5	5,6
verbale Reaktion auf den Hundebesitzer	32,5	29,7
verbale Kontaktaufnahme zum Hundebesitzer	10,2	5,6
keine Reaktion auf den Hundebesitzer	5,2	10,6
positive verbale Reaktion auf den Hundebesitzer	27,2	20,6
negative verbale Reaktion auf den Hundebesitzer	1,4	4,4

Vergleich der verschiedenen Variablen, wenn ein echter Hund bzw. ein Stofftier im Zimmer waren (Häufigkeit der Blicke ohne Dauer)

seinen Besitzer. Das Kind schenkt dem echten Hund mehr Aufmerksamkeit und erweist sich als kooperativer, wenn er dabei ist. Die Wirkung des echten Hundes hält auch noch nach sechs Wochen an, was erneut zu beweisen scheint, dass das lebendige Tier seine Wirkung nicht einbüßt. Außerdem ist festzustellen, dass die verbalen Interaktionen mit dem Erwachsenen weniger negativ geprägt sind, wenn ein richtiger Hund anwesend ist. Die Forscher sind davon überzeugt, dass diese positive Auswirkung des echten Tieres damit zusammenhängt, dass es bei den Kindern verstärkt ein Gefühl der Sicherheit hervorruft, weil es sich ihnen gegenüber zugewandt verhält und positiv mit ihnen interagiert. Die Kinder brauchen nämlich derartige Anhaltspunkte im Verhalten, um Rückschlüsse auf ihr jeweiliges Gegenüber ziehen zu können (mit einem Stoffhund war dies nicht möglich).

Selbst wenn man verschiedene andere Tierarten verwendet, ist festzustellen, dass das lebendige Tier stets das größte Interesse weckt.

Nielsen und Delude (1989) haben fünf- bis sechsjährigen Kindern entweder verschiedene lebendige Tiere gezeigt, etwa Vögel, Kaninchen, einen Hund und sogar eine Spinne, oder die gleichen Tierarten in Form von Spielzeugen. Es stellte sich heraus, dass das lebendige Tier ohne jeden Zweifel mehr Annäherungen, Berührungen und verbale Äußerungen auslöste. Selbst die hier eingesetzte mexikanische Tarantel wurde häufiger angefasst als die Spielzeugtiere. Die Forscher beobachteten, dass sich dieses Verhalten noch verstärkte, wenn die Kinder wiederholt die Möglichkeit zum Kontakt mit den Tieren bekamen. Bei den Spielzeugtieren hingegen nahmen die Interaktionen ab. Spielsachen werden anscheinend mit der Zeit langweilig, echte Tiere hingegen nicht, ganz im Gegenteil.

Kinder verlieren also das Interesse an Ersatztieren. Die gleiche Wirkung findet sich auch bei Erwachsenen mit schweren kognitiven Behinderungen. Taylor, Maser, Yee und Gonzalez (1993) haben eine Untersuchung an langjährigen Bewohnerinnen eines Altenheimes durchgeführt (Altersdurchschnitt 84 Jahre), die unter Altersdemenz litten. In ihrer Untersuchung begab sich der Versuchsleiter jeweils mit einer Bewohnerin in ein ruhiges Zimmer und zeigte ihr dort einmal einen lebendigen jungen Hund und dann die Fotografie eines Hundewelpen, oder aber er zeigte ihr zuerst das Foto und danach einen echten jungen Hund. Während die Versuchsperson das Foto betrachtete, wurden ihr Fragen gestellt („Welche Erinnerungen weckt das Foto?", „Welchen

Namen würden Sie dem jungen Hund geben?", „Bekämen Sie gerne häufiger Besuch mit einem jungen Hund?"). Man notierte auch, wie lange der Welpe und das Foto jeweils betrachtet wurden und was die Person dazu sagte. Es zeigte sich, dass die Bewohnerinnen des Altenheimes den echten Hund länger anschauten als die Fotografie. Wenn sie mit dem echten Hund konfrontiert wurden, sprachen sie auch mehr, als wenn man ihnen nur das Foto zeigte.

Von der Fotografie geht also nicht dieselbe Wirkung aus wie von einem lebendigen jungen Hund. Das Gleiche gilt für Filme, und dies lässt sich sogar anhand der physiologischen Reaktionen der Versuchspersonen belegen.

DeSchriver und Riddick (1990) haben Bewohnern eines Altenheimes (Altersdurchschnitt 73 Jahre) ein echtes Aquarium mit kleinen tropischen Fischen gezeigt oder aber ihnen einen Film vorgeführt, in dem dasselbe Aquarium zu sehen und auch die gleichen Geräusche zu hören waren, wie sie bei einem echten Aquarium zu vernehmen sind (das leise Brummen der Sauerstoffanlage, das Blubbern des Wassers). Die Versuchspersonen saßen dabei entweder vor dem richtigen Aquarium oder vor dem Bildschirm, auf dem der Film lief. Dabei wurden einige physiologische Variablen gemessen, wie die Muskelspannung, die Temperatur der Haut oder der Herzrhythmus der Probanden. Außerdem wurde mithilfe von Fragebögen ermittelt, wie hoch die empfundene Entspannung und der gefühlte Stress bei den Versuchspersonen waren.

Es zeigte sich, dass die Versuchspersonen physiologisch entspannter waren (geringere Muskelspannung), wenn sie vor einem echten Aquarium saßen und nicht nur einen Film anschauten, in dem dieses Aquarium zu sehen war. Vor dem echten Aquarium empfanden sie auch weniger Stress. Wie man sieht, ist die Realität immer besser als eine noch so ausgeklügelte Fiktion. Bilder mit Landschaftsszenen und kleinen Vögelchen an der Wand sind also vielleicht doch nicht so gut geeignet, echte Zimmerpflanzen und einen zwitschernden Zeisig im Käfig zu ersetzen.

Fazit

Ein lebendiges Tier weckt sowohl bei kleinen Kindern als auch bei Personen, deren kognitive Fähigkeiten zur Wahrnehmung ihrer Umgebung eingeschränkt sind, mehr Interesse. Selbst ein noch so raffinierter Roboter kann es mit einem echten Tier nicht aufnehmen. Für die Forscher ist dies der Beweis dafür, dass die Attraktivität des Tieres nicht allein darin liegt, dass wir mit ihm spielen können (in diesem Fall reichten auch der Roboter oder das Spielzeug aus), sondern darin, dass es uns als Modell so nahesteht. Das Kind oder ein Mensch mit kognitiven Einschränkungen ist in der Lage zu begreifen, dass mit einem echten Tier sehr viel spannendere und interessantere Erlebnisse möglich sind als mit einem simplen Spielzeug. Die Beziehung zu einem echten Tier entwickelt sich weiter, sie setzt Gefühle frei und ist deshalb sehr viel anregender. Das Tier ist für uns mehr als nur ein reiner Zeitvertreib, und deshalb ziehen wir es allen anderen Dingen vor.

47 Netter Hund, nettes Herrchen
Der Transfer von stereotypen Vorstellungen über Hunde auf deren Besitzer

So ist der Mensch nun einmal: Er hat es gern, wenn die Dinge zueinander passen: Die Reichen gehören zu den Reichen, die Armen zu den Armen, die Schönen zu den Schönen. Solche Übereinstimmungen existieren ganz offensichtlich (denn soziologisch und statistisch gesehen passen ein Armer und ein Reicher nun einmal nicht zusammen), doch in vielen Situationen fehlt es an den empirischen Argumenten für eine solche Übereinstimmung. Dennoch ordnet der Mensch die Dinge einander zu. Dabei helfen ihm seine stereotypen Vorstellungen. Da lag es nahe, dass Forscher, die sich mit der Zuordnung von Personen aufgrund von Stereotypen befassen, herausfinden wollten, ob die Charaktermerkmale, die bestimmten Hunden zugesprochen werden, auch auf deren Besitzer übertragen werden können.

Budge, Spicer, Saint George und Jones (1997) zeigten Männern und Frauen sieben Fotografien von Hunden unterschiedlicher Größe und Rasse (Rottweiler, Border Collie, …) sowie drei Fotos von Katzen verschiedener, aber bekannter Rassen (Hauskatze, Perserkatze und Siamesische Katze). Gleichzeitig legte man ihnen zehn Fotografien von Männern und Frauen vor (jeweils fünf für jedes Geschlecht), die aber mit den Hunden und Katzen absolut nichts zu tun hatten und nicht deren Besitzer waren. Diese Personen wiesen natürlich bestimmte charakteristische Merkmale auf (einige waren jung, andere reifer), einige waren gepflegt gekleidet, andere eher nachlässig (auf den Fotos waren die Personen vom Kopf bis zur Taille zu sehen). Dann wurden die Teilnehmer an diesem Experiment aufgefordert zu versuchen, den „Besitzer" jedes Tieres herauszufinden und die Fotos einander zuzuordnen.

Hätten sich die Versuchspersonen bei der Zuordnung nicht durch stereotype Vorstellungen leiten lassen, so hätten sie in diesem Experiment für jede mögliche Kombination zu einer äquivalenten Paarbildung gelangen müssen. Dies war aber nicht der Fall. Denn es zeigte sich Folgendes:

- Sie tendierten zu der Auffassung, dass der Besitzer einer Katze eher eine Frau sei als ein Mann und dass ältere Frauen sich eher eine Perserkatze halten als eine normale Hauskatze.
- Sie ordneten einen kleinen Hund eher einer Frau zu als einem Mann.
- Ein Hund wie ein Rottweiler wurde eher mit einer jungen Person in Verbindung gebracht, besonders dann, wenn diese sich ungepflegt oder rebellisch gab.
- Sie stellten jemandem, der sich im Landhausstil kleidete, eher einen Border Collie oder einen Labrador zur Seite.
- Kleine Hunde wurden vor allem mit älteren Personen assoziiert.

Wir ordnen die Dinge also keineswegs nach dem Zufall einander zu. Wir suchen nach einer auf unseren Vorstellungen basierenden Logik, und die bestimmt dann unsere Zuordnung.

Sag mir, welchen Hund du hast, und ich sage dir, wer du bist

Die Sozialpsychologen wissen schon seit Langem, dass nur wenige Informationen notwendig sind, um unsere Wahrnehmung von einer Person zu beeinflussen. Welche Farbe hat sein T-Shirt (Elliot & Niesta, 2008), trägt er eine Krawatte (Green & Giles, 1973), hat er einen Bart (Kenny & Fletcher, 1973), …? Anhand dieser wenigen Informationen gelangen Menschen zu ganz unterschiedlichen Wahrnehmungen, wenn sie einen anderen nur anhand eines Fotos beurteilen sollen. Deshalb wäre also zu erwarten, dass sich der gleiche Effekt einstellt, wenn bekannt ist, dass die zu beurteilende Person sich einen Hund dieser oder jener Rasse hält beziehungsweise keinen Hund besitzt.

In einer Untersuchung haben Mae, McMorris und Hendry (2004) Versuchspersonen gebeten, Hunde ihren möglichen Herrchen zuzuordnen und dabei zu versuchen, anhand der Rasse der Hunde auf bestimmte Eigenschaften des Besitzers zu schließen.

In ihrer Untersuchung zeigten sie den Teilnehmern Mappen mit dem Foto eines Hundes und dem seines angeblichen Besitzers (diese Information war aber absolut falsch). Aus methodologischen Gründen waren die Zusammenstellungen nach dem Zufallsprinzip erfolgt, und jeder Versuchsteilnehmer bekam ein anderes Paar zu sehen. Die Hunde waren aufgrund einer vorhergehenden Studie ausgewählt worden, in der andere Personen ihnen je nach Rasse bestimmte Charaktereigenschaften zuschreiben sollten. Das Adjektiv „aggressiv" wurde dabei in hohem Maße mit einem Dobermann assoziiert, Nervosität galt als Kennzeichen für einen Chihuahua und Mut für einen Collie … Nachdem die Ver-

suchspersonen die Bilder des Hundes und seines „Herrchens"
gesehen hatten, wurden sie aufgefordert, die Charaktereigenschaften des Herrchens zu beurteilen. Dazu wurde ihnen die
Liste der Adjektive vorgelegt, die auf der Grundlage der mit
den Hunden assoziierten Merkmale erstellt worden war.
Danach fragte man die Teilnehmer, inwieweit ihrer Meinung
nach der Hund bei ihrer Beurteilung des Besitzers eine Rolle
gespielt habe.

Die Ergebnisse zeigten, dass die mit den Hunden assoziierten Züge bevorzugt auch ihren angeblichen Besitzern
zugeschrieben wurden: Der „Besitzer" eines Dobermanns
wurde als eher aggressiv eingeschätzt, den „Besitzer" eines
Chihuahuas hielten sie für nervös und dem eines Collies
trauten sie Mut im Leben zu. Nach dem Einfluss des Hundes
auf ihr Urteil befragt, meinte nur eine Minderheit der Teilnehmer, der Hund habe bei ihrem Urteil eine Rolle gespielt.

Es ist also festzustellen, dass wir leicht dazu neigen, die Eigenschaften des Hundes auf seinen vermeintlichen Besitzer zu
übertragen. Man könnte in diesem Fall natürlich anführen,
diese Resultate beruhten auf empirischen Vorkenntnissen
der Teilnehmer. Sie wussten, dass es solche Assoziationen
gibt, und deshalb haben sie sich daran gehalten, als man sie
bat, diese Zuordnungen vorzunehmen.

Um zu beweisen, dass diese Zuordnungen tatsächlich auf
spontan aktivierte stereotype Vorstellungen zurückzuführen
sind, haben Mae, McMorris und Hendry (2004) ein zweites
Experiment durchgeführt. Der Versuch lief ebenso ab wie
der obige, allerdings wurde den Teilnehmern zuvor mitge-
teilt, dass die Paare (Hund/Besitzer) zufällig zusammenge-
stellt worden waren und dass die abgebildeten Personen
noch nie in ihrem Leben einen Hund besessen hätten. Da
nun bekannt war, dass alle Angaben falsch waren, wäre es

logisch gewesen, wenn auch die Zuordnungen nach dem Zufall vorgenommen worden wären. Die Ergebnisse waren jedoch dieselben, und die Forscher stellten fest, dass sich nach Beendigung der Aufgabe nur noch 7,1 % der Teilnehmer daran erinnerten, dass man ihnen gesagt hatte, die Personen auf den Fotos seien gar nicht die Besitzer der Hunde und besäßen nicht einmal einen Hund. Für die Forscher war dies der Beweis dafür, dass automatisch vom Hund auf das Herrchen geschlossen wird und dass der Verstand (hier die erhaltenen Informationen) nicht in der Lage ist, dies zu korrigieren.

Fazit

Es findet also tatsächlich ein Transfer statt. Die Vorstellungen, die wir uns von den charakteristischen „Persönlichkeitsmerkmalen" bestimmter Hunde machen, übertragen wir auf deren Besitzer. Kurz, wenn man uns sagt, dass sich jemand einen Dobermann hält, so kann es sein, dass wir sofort denken, dieser Mensch könne nicht sympathisch sein, obwohl wir ihn gar nicht kennen. Dabei hat vielleicht seine Frau den Hund ausgesucht, oder er hat sich für diese Rasse entschieden, weil er als Kind mit so einem Hund aufgewachsen ist, oder aber er kennt sich mit Hunden gut aus und weiß, dass eine gute Erziehung sehr viel wichtiger ist als dessen Rasse. Mit anderen Worten, die Gründe für seine Wahl haben vielleicht absolut nichts mit unseren Vorstellungen zu tun und schon gar nichts mit den tatsächlichen Charaktereigenschaften dieses Menschen. Es passiert ständig, dass wir aufgrund solcher Informationen Rückschlüsse über Menschen ziehen, denen wir noch nie begegnet sind:

Sie/er spielt Fußball, sie/er spielt gern Bridge, sie/er hat sich eine Solartherme installieren lassen, sie/er fährt diese oder jene Automarke … Diese Art von Informationen reichen uns aus, um über die Persönlichkeit des Betreffenden ein Urteil abzugeben. Anscheinend spielt bei unserer Beurteilung auch der Hund eine Rolle.

48 Keine Krawatte? Dafür aber mit Hund!

Der Einfluss des Hundes auf die Beurteilung einer Person

Wir haben gesehen, dass sich der Hund bei der erfolgreichen Kontaktaufnahme zum anderen Geschlecht als ein wertvoller Partner erweist, dass er uns den Kontakt zu Fremden und auch zu uns bekannten Personen erleichtert. Der Hund dient dabei als Vorwand, um Bekanntschaften zu schließen, und durch ihn werden wir selbst positiver wahrgenommen. Die Forschung hat auch gezeigt, dass die Beurteilung anderer Kriterien ebenfalls durch die bloße Anwesenheit unseres lieben Vierbeiners beeinflusst wird.

Rossbach und Wilson (1991) zeigten ihren Versuchspersonen Fotos, auf denen ein und dieselbe immer gleich gekleidete Person in unterschiedlichen Positionen und mit unterschiedlichen Accessoires zu sehen war: Im Sitzen oder im Stehen, mit und ohne Blumen, mit ihrem eigenen Hund oder mit einem fremden. Insgesamt waren es acht Fotos. Die Teilnehmer sollten sich diese Bilder anschauen und dann sagen, auf welchem die Person umgänglich, glücklich und entspannt wirkte. Ihren Eindruck sollten sie auf einer Skala von 1 bis 8 eintragen. (Beispiel: Bei der Frage nach dem „glücklichen Eindruck" bedeutete der Wert 1, dass die Person nicht glücklich wirkte, ein Wert von 8 hingegen sagte aus, sie wirke sehr glücklich.) Die Teilnehmer wurden ebenfalls aufgefordert, das Foto nach ästhetischen Kriterien zu bewerten. Bei den verschiedenen Bewertungen ergaben sich die in der Tabelle dargestellten Ergebnisse.

	Fotos mit Hund	Fotos ohne Hund
Umgänglichkeit	4,80	4,20
glücklicher Eindruck	5,01	3,99
entspannter Eindruck	5,19	3,81
Ästhetik	5,38	3,62

Mittelwert der verschiedenen Evaluationen

Einer Person werden also viele Eigenschaften zugeschrieben, wenn sie sich in Begleitung eines Hundes zeigt, und dies sogar, wenn es sich nur um ein Foto handelt. Der größte Unterschied zeigte sich aber bei der ästhetischen Bewertung des Fotos, obwohl die Aufnahmen an den gleichen Orten, unter gleichen Lichtverhältnissen und mit denselben technischen Voraussetzungen gemacht worden waren.

Die Forscher führten einen zweiten Versuch durch, bei dem auf den Fotos diesmal sowohl ein Mann als auch eine Frau entweder mit oder ohne Hund an unterschiedlichen Orten zu sehen waren (in der Stadt, in der Natur, im Haus). Wieder wurden die Personen als glücklicher, entspannter und heiterer empfunden, wenn der Hund dabei war. Außerdem bewerteten Männer und Frauen unterschiedslos diese Fotos als ästhetischer.

Es ist also festzustellen, dass die Anwesenheit des Hundes die Beurteilung einer Person radikal verändert. Wir wollten wissen, ob ein Hund auch zu unterschiedlichen Bewertungen führt, wenn die Situation es nur erlaubt, Gutes über eine Person auszusagen. Deshalb haben wir zwei weitere Versuche durchgeführt (Guéguen & Ciccotti, erscheint in Kürze), bei denen wir es so einrichteten, dass über die zu beurteilende Person nur Gutes gesagt werden konnte. Im ersten Versuch zeigten wir unseren Versuchspersonen das Foto eines stehenden Mannes oder das einer stehenden Frau mit oder ohne Hund an der Leine (einem Labrador). Das Foto war in allen Fällen dasselbe, nur war es so bearbeitet worden, dass einmal der Hund und die Leine darauf zu sehen waren und einmal nicht. Den Teilnehmern wurde gesagt, Ziel des Versuchs sei es herauszufinden, ob es ihnen allein anhand eines Fotos möglich sei, die Charaktereigenschaften eines Menschen zu erkennen. Die Versuchspersonen sollten deshalb das Foto genau betrachten und dann die darauf abgebildete Person mithilfe einer Liste von 30 Adjektiven beschreiben, die allerdings nur positive Eigenschaftswörter enthielt (höflich, vertrauenswürdig, gesellig, hilfsbereit, …). Kurzum, mit solchen Adjektiven war es unmöglich, etwas Schlechtes über die Person zu äußern. Daraufhin wurde registriert, wie viele verschiedene Adjektive eingesetzt worden waren. Die Ergebnisse sind in der Grafik dargestellt.

Die Beschreibung der Person fällt ganz eindeutig differenzierter aus, wenn sie den Hund bei sich hat. Möglicherweise trug das Tier dazu bei, dass mehr Persönlichkeitsmerkmale erkannt wurden (danach war ja in diesem Versuch gefragt worden) und dass deshalb auch mehr Adjektive zum Einsatz kamen. Zwischen der Beschreibung des Mannes und der Frau wurde übrigens keinerlei Unterschied beobachtet. Bei beiden wurden mehr Adjektive eingesetzt, wenn sie auf den Fotos in Begleitung des Hundes zu sehen waren.

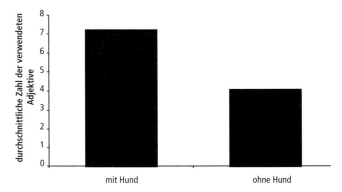

Können wir nur Gutes über einen Menschen sagen, so finden wir eben mehr gute Eigenschaften an ihm. Wir wollten noch weiter gehen und führten deshalb einen zweiten Versuch durch, bei dem wir nur das Foto eines Mannes vorlegten. Diesem Foto hatten wir noch eine Beschreibung der dargestellten Person beigefügt, in der wir mitteilten, der Mann sei Lehrer und habe den Wunsch geäußert, mit Kindern in Krankenhäusern zu arbeiten, außerdem sei er Mitglied der freiwilligen Feuerwehr, sei seit neun Jahren verheiratet und habe zwei Kinder, um die er sich sehr kümmere, weil seine Frau aus beruflichen Gründen unter der Woche häufig verreisen müsse. Wieder baten wir unsere Teilnehmer, die Person mithilfe der gleichen Liste wie im vorausgegangenen Versuch zu beschreiben. Aufgrund der schmeichelhaften Beschreibung des Charakters der dargestellten Person wurden diesmal deutlich mehr Adjektive verwendet, aber es war festzustellen, dass deren Zahl noch anstieg, wenn der Hund auf dem Bild zu sehen war (13,8 gegen 11,7 ohne Hund). Selbst wenn ein Mensch bereits so positiv geschildert wurde, lassen sich immer noch mehr positive Attribute für ihn finden, wenn er einen Hund bei sich hat.

Fazit

Die Gegenwart eines Hundes führt nicht nur dazu, dass wir einem Menschen mehr soziale Qualitäten zutrauen – wir halten ihn auch für glücklicher oder heiterer, und das Foto, das ihn zeigt, finden wir sogar besonders ästhetisch. Wenn wir nur Gutes über einen Menschen sagen können, so entdecken wir noch mehr positive Eigenschaften an ihm, wenn er seinen Hund bei sich hat. Dies lässt vermuten, dass der Hund unsere Beurteilung entscheidend beeinflusst. Dieses Tier steht uns Menschen so nahe, und unsere Einstellung zu ihm ist so positiv, dass wir einen Menschen völlig anders wahrnehmen, sobald wir ihn nur mit einem Hund in Verbindung bringen. Das Tier stellt sozusagen die Weichen für unsere Beurteilung. Es lässt uns dabei einen völlig anderen Weg einschlagen, auf dem es im Wesentlichen nur positive Eigenschaften zu geben scheint, und deshalb können wir uns offenbar über Menschen, die mit einem Hund in Erscheinung treten, tatsächlich nur positiv äußern.

49 Tom und Tina sind die beiden Hunde meines Nachbarn

Stereotype in der Namensgebung für Menschen und Tiere

Es ist für Sie sicherlich nichts Neues, dass Jungen andere Vornamen haben als Mädchen. Dies gilt für den Namen an sich, doch auch schon beim Gebrauch bestimmter Silben oder sogar Buchstaben bestehen Unterschiede zwischen den

Geschlechtern. Oft reicht der letzte Buchstabe eines Vornamens aus, um uns Aufschluss darüber zu geben, ob es sich um einen weiblichen Namen (endet häufiger auf Vokal) oder um einen männlichen (endet eher auf Konsonant) handelt. Außerdem weiß man, dass die weiblichen Vornamen häufig aus mehr Buchstaben und Silben bestehen als die männlichen (Barry & Harper, 2000).

Anscheinend gibt es diese Tendenz nicht nur bei menschlichen Vornamen, denn auch bei der Namensfindung für unsere männlichen oder weiblichen Hunde bleiben wir denselben Gewohnheiten treu.

Abel und Kruger (2007) haben mehrere Hundert Namen für männliche und weibliche Hunde der Rasse Golden Retriever analysiert. Sie gingen dabei von ihren früheren Arbeiten aus, in denen sie untersucht hatten, welche Buchstaben in menschlichen Vornamen vorkommen: Der Vokal o wurde als maskuline Endung eingestuft, weil er häufig in männlichen Vornamen anzutreffen ist. Und die Endungsvokale a oder i tauchen häufiger in weiblichen Vornamen auf. Bei Konsonanten wie m, n, ng, r und l ist die Entscheidung nicht so eindeutig (sie werden für beide Geschlechter verwendet). Die Buchstaben j, q, u, v und z wurden in der Untersuchung von Abel und Kruger nicht berücksichtigt, weil sie in englischen Vornamen nur selten vorkommen. Es wurde auch registriert, aus wie vielen Silben sich der Name zusammensetzt.

Es zeigte sich, dass Hündinnen statistisch gesehen längere Namen haben (1,99 Silben) als Rüden (1,84 Silben). Einsilbige Namen kommen bei Rüden häufiger vor (16,6 %) als bei Hündinnen (6,3 %).

Ebenso wurde beobachtet, dass die maskulinen Endungen (im Wesentlichen Konsonanten wie m, n, k, s) vorzugsweise bei Rüden anzutreffen sind (57 %). Weibliche Buchstaben sind dagegen nur sehr schwach vertreten (16 %). Die Namen der Hündinnen enden zu 50 % auf weibliche Buchstaben (im Wesentlichen auf die Vokale a, e und i). Nur 18 % der Namen enden mit einem maskulinen Buchstaben. In 30 % der Fälle enden die Hundenamen auf Buchstaben, die für beide Geschlechter Anwendung finden (y, h).

Der Aufbau von männlichen und weiblichen Hundenamen gehorcht also offensichtlich denselben Regeln, wie sie auch bei menschlichen Vornamen gelten. Man sagt ja auch häufig, dass der Hund für manche Menschen den gleichen Stellenwert hat wie ein Kind, und bei der Namensgebung scheint dies nicht anders zu sein.

Abgesehen vom orthografischen Aufbau ergaben die Untersuchungen auch, dass wir mit den Namen unserer Haustiere unterschiedliche gefühlsmäßige Vorstellungen verbinden.

Whissell (2006) hat ein Modell entwickelt, mit dem der emotionale Gehalt des Klanges von Worten und der von uns verwendeten Eigennamen analysiert werden kann. Aufgrund besonderer Klangmerkmale haben demnach gewisse Wörter einen emotionaleren Gehalt als andere. Um zu sehen, ob zwischen Hunden und Katzen Unterschiede bestehen, hat die Forscherin Tausende von Hunde- und Katzennamen, die sie auf Internetseiten fand, mithilfe ihres Modells analysiert. Es zeigte sich, dass die Katzennamen einen höheren Grad an affektiver Konnotation aufweisen als die der Hunde und dass auch der für die Aussprache ermittelte Wert höher ausfiel (sie waren leichter auszusprechen). Da die Forscherin den gleichen Effekt beim Vergleich von männlichen und weiblichen Vornamen festgestellt hatte (weibliche Vornamen weisen eine höhere affektive Konnotation auf), konnte sie daraus schließen, dass die Ergebnisse für die Katzen vermuten lassen, dass uns mit diesem Tier eine affektivere und emotionalere Beziehung verbindet als mit einem Hund. Mit einer

Katze gehen wir nämlich zärtlicher und intimer um als mit einem Hund. Wir schmusen häufiger mit ihr, und wir streicheln unser Kätzchen gerne, wenn es schläft, und nehmen es dazu zärtlich in die Arme. Bei einem Hund kommt dies seltener vor. Mit ihm gehen wir dafür lieber spazieren. Aber das führt nicht zu derselben Art von Kontakt. Diese Unterschiede in der Interaktion veranlassen uns Menschen nun dazu, Namen für unsere Lieblinge zu wählen, in denen sich diese Art von Beziehung am besten widerspiegelt.

Passwörter

Wenn Sie Ihren Computer sichern oder sich im Internet möglichst sicher bewegen wollen, sollten Sie ein Passwort vom Typ „H51HO3T" wählen. Leider aber lassen wir Menschen uns bei der Bildung unserer Passwörter von ganz anderen Dingen leiten. Die meisten Passwörter bestehen aus den Vornamen unserer Kinder oder zumindest aus einem Teil davon. Aber auch unsere Lieblingstiere haben bekanntlich an der Entstehung dieser Passwörter einen ganz entscheidenden Anteil, zumal wir wissen, dass es gefährlich ist, den Namen eines unserer Kinder zu verwenden (denn den können Dritte leichter in Erfahrung bringen als den Namen unseres Haustieres).

So hat Harris (1998) gezeigt, dass die Wahrscheinlichkeit sehr groß ist, dass Katzenbesitzer den Namen ihrer Katze in das Passwort einfließen lassen. Dies gilt insbesondere für Frauen. Außerdem hat eine Katze mehr Chancen, sich als Passwort „wiederzufinden", als ein Hund. Nach Ansicht dieses Forschers spielt bei der Wahl nicht nur die affektive Stellung des Tieres eine Rolle beziehungsweise die Tatsache, dass wir uns später leicht an den Namen erinnern. Er vermutet nämlich, es gebe auch bestimmte Gemeinsamkeiten zwischen unserem Computer und unserem Lieblingshaustier, ganz besonders, wenn dies eine Katze ist. Der Computer stellt uns keine Fragen, er hütet unsere Geheimnisse, er ist diskret und schweigsam wie ein Grab, er beurteilt uns nicht und er dient uns treu, es sei denn, er ist mal wieder kaputt.

Fazit

In unserer Beziehung zu unserem Tier ist nichts ohne Bedeutung. Die Wahl seines Namens wird durch phonetische und orthografische Kriterien bestimmt, die es ermöglichen, dieses Tier von allen anderen zu unterscheiden, oder die seinen besonderen Stellenwert in unserem Leben kennzeichnen. Offensichtlich überlegen wir es uns nicht nur reiflich, welchen Namen wir unserem Kind geben sollen, anscheinend denken wir auch gründlich darüber nach, wie wir unser Tier nennen wollen.

50 Wenn der Hund an unser Mitgefühl appelliert
Der Einfluss eines Tieres auf unsere Hilfsbereitschaft

Sie alle kennen diese Situation: Sie werden auf der Straße von Leuten angebettelt, die mehrere Hunde häufig unbestimmbarer Rasse bei sich haben. Wie die meisten Passanten versuchen Sie dann, diesen Leuten möglichst aus dem

Weg zu gehen. Man könnte also meinen, dass die Tiere nicht dazu beitragen, unsere Spendenbereitschaft zu fördern. Die Forschung zeigt jedoch, dass dies nicht zutrifft. Selbst wenn diese Leute uns nicht direkt um Geld bitten, aber einen Hund bei sich haben, kann das bewirken, dass wir uns spendabler erweisen.

Wir (Guéguen & Ciccotti, 2008) haben zwei Kollegen (einen jungen Mann und eine junge Frau im Alter von 20 bis 22 Jahren) gebeten, auf der Straße Passanten anzusprechen und mit folgender Bitte an sie heranzutreten: „Entschuldigen Sie bitte, hätten Sie vielleicht ein bisschen Kleingeld, damit ich mir eine Busfahrkarte kaufen kann?" Unsere Kollegen waren sehr sauber gekleidet und anständig frisiert, der junge Mann war frisch rasiert und das Mädchen geschminkt, damit man sie nicht mit den Bettlern auf der Straße in Verbindung bringen konnte. Je nach Versuchssituation führten sie einen Hund an der Leine mit sich (einen Mischling von 42 Zentimeter Höhe, elf Kilogramm schwer mit mittellangem vorwiegend schwarzem Fell) oder nicht. Dieser Hund war allgemein als hübsch, lebendig und angenehm empfunden worden. Wie erfolgreich sie mit ihrer Bitte waren, zeigt die Grafik.

Ganz eindeutig bewirkte der Hund in dieser Situation, dass sich die Passanten gegenüber den Bittstellern als freigiebiger erwiesen. Außerdem ist festzustellen, dass die Leute, die bereit waren, mit Geld zu helfen, sich noch spendabler zeigten, wenn der Hund dabei war. Dann gaben sie nämlich durchschnittlich 0,80 Euro, und wenn der Hund nicht dabei war, nur 0,54 Euro.

Das Tier veranlasst die Leute also dazu, einer explizit an sie gerichteten Bitte um Hilfe bereitwilliger nachzukommen. Die Forschung beweist auch, dass ein Tier unsere absolute Hilfsbereitschaft beeinflusst.

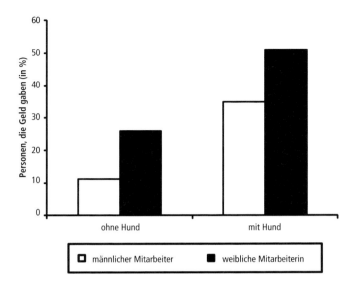

Unter absoluter Hilfsbereitschaft verstehen wir eine spontane Hilfeleistung, die erfolgt, ohne dass wir direkt darum gebeten werden. Dies ist zum Beispiel der Fall, wenn wir jemanden darauf aufmerksam machen, dass er etwas hat fallen lassen, ohne es zu bemerken, oder wenn wir einem anderen helfen, etwas Schweres in einen Wagen zu hieven, sobald wir sehen, dass er es alleine nicht schafft.

In einem ähnlichen Versuch wie dem oben geschilderten (Guéguen & Ciccotti, 2008) haben wir einen jungen Mann gebeten, sich an eine Bushaltestelle zu stellen und 30 bis 40 Sekunden lang den Fahrplan zu studieren. Der junge Mann hatte denselben Hund an der Leine wie im vorausgegangenen Versuch. Dann sollte unser Mitarbeiter einen Geldbeutel aus der Tasche ziehen, doch, welch ein Pech, der Geldbeutel öffnete sich von allein und es fielen einige Geldstücke auf den Boden. Wir hatten unseren Mitarbeiter angewiesen zu sagen: „So ein Mist!" Etwa zwei Sekunden lang sollte er die zu Boden gefallenen Münzen anschauen, bevor er sich bückte, um sie aufzuheben. Bei dem ganzen Geschehen sollte er die anderen an der Haltestelle wartenden Personen nicht einen Augenblick lang anschauen. Es wurde dann registriert, ob ein anderer Wartender ihm spontan half, die heruntergefallenen Geldstücke wieder einzusammeln. Die Ergebnisse zeigt die Grafik.

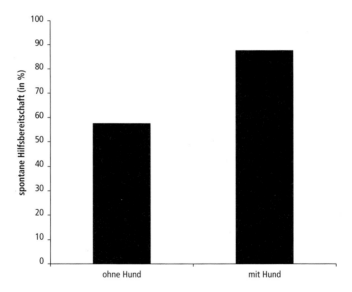

Die Umstehenden waren eher bereit, spontan zu helfen, wenn unser Mitarbeiter von seinem Hund begleitet wurde. Nach Ansicht der Forscher könnte diese Reaktion auf drei Mechanismen zurückzuführen sein, die sich mit großer

Sicherheit ergänzten. Zum einen wurde unser Mitarbeiter anders wahrgenommen, wenn er den Hund bei sich hatte. Jemand, der sich einen Hund hält, und zudem einen so lieben und hübschen Vierbeiner, muss ein ordentlicher Mensch sein, jemand, der sich um andere kümmert und Verantwortung übernimmt. Zahlreiche Arbeiten über Hilfsbereitschaft haben nämlich gezeigt, dass es fast automatisch zu einer gesteigerten Hilfsbereitschaft kommt, wenn solche Vorstellungen über einen anderen mit im Spiel sind. Die zweite Erklärung hängt mit der bloßen Gegenwart des Hundes zusammen. Er ist ein Anziehungsfaktor an sich und steigert das Interesse für sein Herrchen. War nämlich das Interesse der Umstehenden erst einmal geweckt, bemerkten sie leichter, welches Missgeschick unserem Mitarbeiter zugestoßen war, als ihm das Geld auf den Boden fiel, und deshalb waren sie eher bereit, ihm zu Hilfe zu eilen.

Eine dritte Erklärung schließlich beruht auf der Tatsache, dass die anwesenden Personen das Gefühl hatten, sie müssten helfen, weil der Hund dabei war. Für unseren Mitarbeiter war es ja besonders schwer, die Geldstücke wieder aufzuheben, weil er mit einer Hand die Hundeleine festhalten musste. Nun ist aber auch bekannt, dass die spontane Hilfsbereitschaft zunimmt, wenn wir sehen, dass sich ein anderer in Schwierigkeiten befindet.

Fazit

Unsere Bereitschaft, einem anderen zu Hilfe zu kommen, ist offensichtlich größer, wenn dieser ein Tier bei sich hat. Ein Grund dafür ist sicherlich das gesteigerte Interesse für den Besitzer des Tieres. Ein weiterer Grund liegt darin, dass wir vom Hund auf bestimmte Eigenschaften dieser Person schließen. Ein sympathischer, hübscher Vierbeiner verstärkt unsere Hilfsbereitschaft. Wahrscheinlich wäre dies nicht so sehr der Fall, wenn es ein Hund ist, der uns weniger anspricht.

51 Schule der Zärtlichkeit
Der Einsatz von Tieren in der Sexualtherapie

Wie wir gesehen haben, wirkt sich das Tier in vielerlei Hinsicht auf die Gesundheit des Menschen aus und ist in zahlreichen Therapien einsetzbar. Auch bei Störungen, von denen man a priori annehmen würde, dass sie auf psychische Blockaden zurückzuführen sind, bei denen die Interaktion mit einem Tier wenig ausrichten kann, wurden mithilfe von Tieren ganz erstaunliche Erfolge erzielt.

So haben Pichel und Hart (1989) bei Paaren, die unter ganz besonders problematischen Störungen ihres Sexualverhaltens litten, eine Katze eingesetzt. Es handelte sich dabei um Personen, die Angst vor dem Geschlechtsverkehr hatten und folglich nicht in der Lage waren, jemals sexuelle Beziehungen aufzunehmen. Im Allgemeinen wird bei dieser Art von Störungen eine sensorische Aktivierung empfohlen. Vor allem soll das Gefühl für die Berührung geweckt werden. Die Partner (in der Regel leidet nur einer von ihnen unter dieser Störung, meistens die Frau) sollen lernen, sich zu berühren, sich gegenseitig zu streicheln oder sich selbst zu streicheln. Sie sollen ein Gefühl für den Körper entwickeln. Durch diese Stimulation sollen sie ihre verloren gegangene oder niemals zum Ausdruck gekommene Sinnlichkeit (wieder)erlangen. Im vorliegenden Fall setzten die beiden Forscher eine Katze als Therapiehelfer ein und forderten die Partner auf, insbesondere denjenigen, der unter der Störung litt, das Tier zu streicheln, es in den Arm zu nehmen, mit ihm zu schmusen. Das Paar wurde auch gebeten, dies gemeinsam zu tun. Dazu sollten beide sich an den Händen fassen und gemeinsam über den Körper des Tieres streichen.

Bereits nach etwa fünf Therapiesitzungen mit dem Tier zeigte sich, dass sexuelle Beziehungen zwischen den beiden Partnern möglich wurden. Die Therapeuten empfehlen eine Fortsetzung der Therapie und raten den betroffenen Paaren, sich eine Katze anzuschaffen, damit sie die Praxis der taktilen Stimulation auch weiterhin üben können.

Fazit

Die tiergestützte Therapie ist also auch im Rahmen von gewiss seltenen, aber dennoch sehr problematischen und sehr einschränkenden Störungen möglich. Im Allgemeinen suchen die betroffenen Paare einen Therapeuten auf, weil einer der beiden es nicht mehr aushält und weil die Beziehung zu zerbrechen droht oder aber weil das Paar sich zwar mit dieser fehlenden Komponente in seiner Beziehung abgefunden hat, aber doch den Wunsch nach Kindern verspürt. Nach Ansicht der Forscher ist der Einsatz eines Tieres, insbesondere einer Katze, bei dieser Art von Störung besonders geeignet, die aus einer Unfähigkeit herrührt, den physischen Kontakt zu ertragen. Um diese Fähigkeit wiederherzustellen, muss der Patient lernen, die Berührung als eine positive Verstärkung zu empfinden und angenehme Gefühle damit zu verbinden. Wenn wir ein Tierchen mit seidigem Fell streicheln, das unsere Zärtlichkeit sucht, das angenehm warm ist und dessen Körper beim Schnurren spürbar vibriert, so trägt all dies dazu bei, dass wir diese

Berührungen genießen und immer wieder feststellen, wie angenehm und positiv sie doch sind. Der nächste Schritt hin zum Austausch von Zärtlichkeiten mit einem Partner fällt dann leicht. Dieser Schritt aber ist für die Aufnahme sexueller Beziehungen unbedingt notwendig.

52 Das ist ja mal ein einfühlsamer Typ!
Ein Tier fördert unser prosoziales Verhalten

Der Umgang mit einem Tier verlangt, dass wir es genau beobachten, um es verstehen zu können (versuchen Sie doch mal, von Ihrem Hund eine verbale Antwort auf eine Frage zu bekommen, und Sie werden schon sehen, was wir meinen). Dies hat die Forscher zu der Hypothese veranlasst, dass durch diese Beobachtung möglicherweise unsere Empathiefähigkeit gefördert wird. Obwohl wir das Tier nicht fragen können, erraten wir, was es fühlt oder will. Es könnte nun aber sein, dass wir durch die nonverbale und nicht sprachlich kodifizierte Interaktion mit dem Tier empathische Fähigkeiten ausbilden, die uns wiederum befähigen, die innere, emotionale Befindlichkeit anderer Menschen besser zu verstehen. Mit einer Steigerung der Empathiefähigkeit müsste auch eine Senkung der Gewaltbereitschaft einhergehen, denn bekanntlich neigen Personen mit geringer Einfühlungsgabe eher zu gewalttätigem oder aggressivem Verhalten.

Paul (2000) hat mehr als 500 Erwachsenen (Durchschnittsalter 49,5 Jahre), von denen einige ein Haustier besaßen, andere nicht, einen Fragebogen vorgelegt, mit dem ihre Einfühlsamkeit in Bezug auf andere Menschen gemessen werden sollte. Er bestand aus verschiedenen Fragen („Ich muss immer lachen, wenn ich im Kino jemanden weinen sehe", „Es macht mir nichts aus, ein leckeres Stück Kuchen zu essen, auch wenn ich weiß, dass einem anderen bei dem Anblick das Wasser im Mund zusammenläuft", …). Die Probanden sollten auch einen Fragebogen zu ihrer Empathiefähigkeit gegenüber Tieren ausfüllen, und zwar unabhängig davon, ob sie selbst ein Tier besaßen oder nicht. Dieser Bogen enthielt ebenfalls sehr viele Fragen („Es stört mich, wenn ein Hund mich freudig begrüßt, an mir hochspringt oder mich lecken will", „Ich finde es unangenehm, wenn Leute ihren Hund in der Öffentlichkeit umarmen oder mit ihm schmusen", …).

Bei der Empathie in Bezug auf Menschen zeigten sich bei allen Probanden durchschnittlich gleiche Werte, unabhängig davon, ob sie ein Tier besaßen oder nicht. Allerdings war die Varianz dieser Empathiewerte in der Gruppe der Tierbesitzer am geringsten. Dies könnte bedeuten, dass es in dieser Gruppe weniger interindividuelle Unterschiede gab (mehr Personen wiesen den gleichen Grad an Empathiefähigkeit auf). Betrachtete man nur die kinderlosen Familien, war außerdem zu beobachten, dass diejenigen von ihnen, die ein Tier besaßen, einen höheren Empathiewert aufwiesen als die anderen.

Beim Einfühlungsvermögen gegenüber Tieren war festzustellen, dass die Personen, die ein Tier besaßen, wesentlich höhere Werte erzielten als die anderen.

Beide Empathiewerte korrelierten positiv miteinander. Im Allgemeinen wiesen die Personen mit einem hohen Empathiewert gegenüber Tieren auch einen hohen Einfühlungswert in Bezug auf Menschen auf, wohingegen jene mit geringer Empathie für Tiere auch gegenüber Menschen weniger einfühlsam waren.

Es ist also eine Verbindung zwischen dem Besitz eines Tieres und der Fähigkeit zur Empathie zu beobachten. Für die Korrelationssuche wurde hier allerdings nur ein Kriterium herangezogen, nämlich der Besitz eines Hundes. Die Gruppen unterschieden sich jedoch hinsichtlich anderer Aspekten, und dies könnte auch eine Erklärung für die festgestellten Unterschiede sein.

Um den direkten Einfluss von Tieren auf die Empathiefähigkeit zu testen, hat Sprinkle (2008) an zehn- bis zwölfjährigen Kindern ein Programm zur Prävention von Gewalt in der Schule erprobt, bei dem auch Hunde beteiligt waren. Es handelte sich dabei um Hunde, die für die Suche und Rettung von Personen im Katastrophenfall ausgebildet waren. Vor der Einführung der Hunde und danach wurde der Aggressivitätsgrad der Kinder gemessen. Dabei unterschied man zwischen unbegründeter Aggression und einer Aggression als Reaktion auf Druck. Die Kinder sollten auch eine Skala ausfüllen, mit der ihre Empathie gegenüber Menschen ermittelt wurde. Und schließlich sollten die Lehrer angeben, wie aggressiv sie ihre Schüler empfanden. Die Resultate sind in der folgenden Tabelle dargestellt.

Man stellt fest, dass die Interaktion mit dem Hund das aggressive Verhalten der Kinder zurückgehen ließ, und zwar sowohl die grundlose Aggressivität als auch die infolge von Druck. Die Angaben der Lehrer bestätigen dies ebenfalls. Auch die Fähigkeit zur Empathie hat sich in dieser Phase verbessert. Die Korrelationsanalysen der Daten ergaben eine positive Korrelation zwischen dem Empathiewert und den verschiedenen Werten für Aggression: Die Kinder mit geringer Empathiefähigkeit wiesen eine hohe Aggressivität auf, wohingegen die Kinder mit einem hohen Grad an Einfühlungsvermögen weniger aggressiv waren. Diese Daten bestä-

	vor der Inter-aktion mit den Hunden	nach der Inter-aktion mit den Hunden
Aggressionen infolge von Druck	24	14
grundlose Aggressionen	14	10
Aggressionen insgesamt	37	24
Empathiewert	10,6	18,0
Bewertung der Aggressivität durch die Lehrer	12,7	8,5

Mittlerer Wert für Aggression und Empathie und Bewertung der Aggressivität der Kinder durch ihre Lehrer in beiden Phasen

tigen, was man bereits über die Verbindung von Empathie und Aggression wusste. Es war jedoch festzustellen, dass die Korrelation nach der Phase mit den Hunden höher war. Daraus könnte geschlossen werden, dass die verminderte Aggressivität auf eine Steigerung der Empathiefähigkeit zurückzuführen ist.

Fazit

Anscheinend macht uns das Tier sowohl einfühlsamer gegenüber dem Tier selbst als auch gegenüber unseren Mitmenschen. Nach Ansicht der Forscher ist diese Wirkung auf die Art und Weise zurückzuführen, wie wir mit dem Tier umgehen müssen, um zu verstehen, was es fühlt und was es will. Wenn wir eine solche Beziehung zu dem Tier herstellen, werden wir auch sensibler für die emotionalen oder inneren Signale, die unsere Mitmenschen aussenden. Unbewusst erzieht das Tier also den Menschen dazu, diese Signale zu erkennen. Es sei außerdem noch darauf hingewiesen, dass die Empathie nicht der einzige Faktor ist, der durch das Tier beeinflusst wird. Die Wirkung des Tieres erstreckt sich auch auf andere Fähigkeiten gleichen Typs, etwa auf unser moralisches Gewissen: Der regelmäßige Umgang mit einem Tier scheint auch unsere Fähigkeit zu beeinflussen, zwischen Gut und Böse zu unterscheiden (Albert & Anderson, 1997).

Zusammenfassung: Auch wir beeinflussen sie!

In diesem Buch haben wir gesehen, wie sehr Tiere uns beeinflussen, doch umgekehrt ist dies ebenso der Fall. Auf diesen letzten Seiten wollen wir deshalb zeigen, dass es auch positive Auswirkungen auf die Tiere hat, wenn wir ihnen unsere Zuwendung schenken, und dass wir, sofern wir ihnen nur ein wenig Zeit widmen, zudem feststellen können, dass die Tiere uns in gewisser Hinsicht manchmal sehr ähnlich sind oder Fähigkeiten besitzen, die auch uns zu eigen sind. Dies sollte uns eigentlich doch endgültig davon überzeugen, dass wir alle von ganz tollen Tieren und Millionen Freunden umgeben sind.

Mehr Milch von glücklichen Kühen

Meine Großmutter hielt auf ihrem Bauernhof Kühe, und jede von ihnen bekam bei der Geburt ihren ganz persönlichen Namen (Marguerite, Belle, Marie-Louise, … – es gab sogar einen Stier mit Namen José). Wie dumm und altmodisch, werden Sie sagen, das einzig gültige Identifikationskriterium ist doch die der Kuh ins Ohr gestanzte Nummer. Die Forschung zeigt aber, dass eine solche Praxis überhaupt nicht dumm oder überholt ist und dass sie dem Bauern sogar Geld einbringen kann. Bertenshaw und Rowlinson (2009) haben 516 Milchbauern einen Fragebogen vorgelegt, mit dem erfasst werden sollte, für wie wichtig die Bauern das Verhältnis zwischen Kuh und Mensch hielten (Kühe haben es gern, wenn man sie streichelt und mit ihnen spricht, auch Kühe haben Gefühle, …) oder was sie über deren Fähigkeiten dachten (Kühe sind intelligent, sie können manche Dinge erlernen, …). Die Bauern wurden auch aufgefordert zu formulieren, welche Faktoren ihrer Meinung nach dazu beitragen, Kühe fügsam zu machen, und was deren Milchproduktion beeinflussen könnte. Und schließlich wurden sie gefragt, ob sie selbst sich ihren Kühen persönlich widmeten und ob sie in der Lage wären, jede einzelne Kuh ihrer Herde beim Namen zu rufen, und ob die Kühe überhaupt Namen hätten. Außerdem wurde die auf den Höfen produzierte Milchmenge gemessen. Es zeigte sich, dass die mittlere jährliche Milchmenge einer Kuh weit höher als bei 258 Liter lag, wenn sie von einem der Bauernhöfe stammte, auf denen die Kühe ihren eigenen Namen hatten. Dieses Ergebnis ist umso erstaunlicher, als aus der Mehrzahl der Antworten der Bauern hervorging, dass nur wenige glaubten, der Mensch könne durch sein Verhältnis zum Tier einen Einfluss auf dessen Wohlbefinden und seine Milchproduktion ausüben. Eine Überzeugung, die durch die Produktionsanalysen widerlegt wurde.

Auch große Tiere brauchen Liebe

Große Tiere, wie Pferde oder Rinder, haben es gern, wenn ihr Besitzer ihnen ab und zu einen herzhaften Klaps versetzt, zeigt sich darin doch, dass sie ihm nicht gleichgültig sind und dass er sie sogar gerne hat. Tätscheln wir einer Kuh oder einem Pferd die Flanke, so könnte dies ungefähr dieselbe Bedeutung haben, wie wenn wir unseren Kindern mit der Hand durchs Haar fahren.

Einige Forscher (Bertenshaw, Rowlinson, Edge, Douglas & Shiela, 2008) wollten sehen, welche Wirkung Liebkosungen dieser Art auf junge Kühe haben. In den Wochen, bevor die Färsen zum ersten Mal kalbten (erst nach dem ersten Kalb wird eine Färse zur Kuh und gibt Milch), wurden die Tiere jeweils fünf Minuten lang an Kopf, Hals und Schultern gestriegelt. Dies geschah in den verschiedenen Versuchsgruppen unterschiedlich häufig und endete mit der Geburt des Kalbes. Es wurden dann verschiedene Variablen gemessen. Vor der Geburt des Kalbes interessierten vor allem bestimmte Verhaltensweisen des Tieres gegenüber dem Menschen (wie häufig es nach dem Menschen trat, wenn dieser sich ihm näherte) und nach dem Kalben in erster Linie die Milchproduktion und wie viel Milch die Kuh vier Wochen nach der Geburt ihres Kalbes gab. Es zeigte sich, dass die Färsen, die gestriegelt worden waren, weniger häufig nach dem Menschen traten als die der anderen Gruppe. Und je häufiger das Tier zuvor vom Menschen gebürstet worden war, um so seltener trat es nach ihm. Nach dem Kalben war festzustellen, dass die zuvor gestriegelten Kühe eher regelmäßig Milch gaben und dass auch die Milchmenge in dieser Gruppe größer war. Nach Ansicht der Forscher hat das Striegeln dazu geführt, dass die Tiere mit der Zeit ihre Angst vor dem Menschen verloren. Angst aber ist ein Hauptfaktor für Aggressivität (Tritte) und für ein verzögertes Einsetzen der Milchproduktion. Es sei also jedem Züchter angeraten, seine jungen Kühe zu striegeln, zumal dies auch noch andere positive Folgen hat, denn es konnte gezeigt werden, dass Kühe durch die liebevolle Zuwendung nicht nur ihre Angst verlieren, sondern dass sich auch ihr Herzrhythmus beruhigt.

Du fährst ja wirklich wie eine gesengte Sau!

Jeder weiß, dass es Menschen gibt, die sehr sanft Auto fahren, und wenn wir neben ihnen im Auto sitzen, merken wir gar nicht, wie die Zeit vergeht. Bei anderen hingegen kann es uns gar nicht schnell genug gehen, bis wir ankommen, denn ihr Fahrstil macht uns Angst. Ähnlich empfinden anscheinend auch Tiere. Unser Fahrstil beeinflusst den vom Tier empfundenen Stress, und deshalb wird in manchen Ländern den Fahrern von Tiertransportern häufig beigebracht, wie sie zu fahren haben.

Peeters und Mitarbeiter (2008) haben einige Schweine in einen Transporter verfrachtet, der für eine kleine Anzahl von Tieren dieser Größe (nicht mehr als fünf ausgewachsene Schweine) bestimmt war. Mehrere sehr erfahrene Fahrer wurden angewiesen, einmal ganz normal (so, wie sie es gewohnt waren), einmal sehr vorsichtig (so, als hätten sie Spiegel zu transportieren) oder aber eher ruppig zu fahren (so, als hätten sie es eilig, nach einem langen Arbeitstag mit leerer Fuhre nach Hause zu kommen). Es wurden verschiedene physiologische Messungen durchgeführt. So wurden etwa der Herzrhythmus der Tiere und ihr Kortisolausstoß gemessen (ein Stresshormon). Außerdem wurde mithilfe einer im Wagen installierten Kamera das Verhalten der Schweine gefilmt. All diese Messungen erfolgten mehrmals während der Fahrt, beim Beschleunigen und beim Bremsen. Entgegen den Erwartungen zeigte sich, dass ein eher ruppiger Fahrstil zu einem geringen Kortisolausstoß führte und dass sich die Herzfrequenz der Schweine von der bei normalem Fahrstil nicht unterschied. Paradoxerweise war die Kortisolproduktion bei einem besonders vorsichtigen Fahrstil am höchsten und der Herzrhythmus am langsamsten. Allerdings wurde beobachtet, dass bei gleicher Fahrweise erhebliche Unterschiede auftraten, je nachdem, welcher Fahrer am Steuer saß (wenn zwei Personen gleichermaßen cool fuhren, so reagierten die Schweine dennoch unterschiedlich). Außerdem stellten die Forscher fest, dass die negativsten Auswirkungen ganz unabhängig vom Fahrstil auf das Phänomen der lateralen Beschleunigung zurückzuführen waren (die Beschleunigung, die wir in Kurven spüren). Sie gilt es zu reduzieren, um das Tier nicht zu stressen.

Der Modehund

Wir alle wissen, wie sich die Mode auf das Konsumverhalten von uns Menschen auswirkt (Auto, Kleidung, Urlaubsziele, …) oder wie sie unser Verhalten beeinflusst (die Vornamen für unsere Kinder, Sportarten, …). Etwas weniger gut Bescheid wissen wir darüber, wie sich eher intime oder problematische Verhaltensweisen in der Gesellschaft übertragen (sexuelle Praktiken, Selbstmord, …). Es ist in unserer Evolution angelegt, dass wir uns oft ganz automatisch und ohne uns dessen bewusst zu sein, gedrängt fühlen, uns genauso zu verhalten wie die anderen auch. Die Wahl unserer Haustiere scheint ebenfalls gewissen Moden zu unterliegen und wird manchmal auch von der Industrie gesteuert. Dies gilt insbesondere für Hunderassen. Ihre Beliebtheit bei uns Menschen schwankt und ändert sich mit der Zeit. Die Vorliebe für diese oder jene Hunderasse hat deshalb einen Einfluss darauf, wie viele Welpen dieser Rasse geboren werden.

Herzog (2006) hat untersucht, wie sich die Vorliebe für bestimmte Hunderassen zyklisch verändert. Er stützte sich dabei auf eine Kartei, in der die Daten von 49 Millionen Hunden verzeichnet sind, die seit 1948 in den Vereinigten Staaten offiziell angemeldet wurden. Es zeigte sich, dass es bei der Vorliebe für bestimmte Hunderassen ganz eindeutig Wellenbewegungen gibt und die Kurve dieser Modewellen immer die gleiche ist: Zunächst besteht über einen langen Zeitraum (mehrere Jahrzehnte) ein geringes Interesse an einer bestimmten Rasse, dann steigert sich das Interesse ganz massiv, manchmal so sehr, dass bis zu 20-mal mehr Hunde dieser Rasse nachgefragt werden, um dann rasch wieder abzusinken auf das anfängliche Niveau aus der Zeit vor der Modewelle. Die Arbeiten zeigten auch, dass die Medien bei der Begeisterung der Öffentlichkeit für bestimmte Hunderassen eine Rolle spielen. So stieg nach der erneuten Ausstrahlung des Walt-Disney-Films *101 Dalmatiner* im Jahr 1985 die Zahl der Anmeldungen dieser Hunde von 8170 jährlich auf 42 816. Die gleiche Wirkung war bei anderen erfolgreichen Filmen zu beobachten, in denen Hunde einer bestimmten Rasse eine Rolle spielten. Das Gleiche galt für Fernsehserien (*Lassie*) und sogar die Fernsehwerbung (der Chihuahua von Coca-Cola).

Nur der Schöne überlebt

Zweifelsohne ist der Mensch in der Lage, ein ästhetisches Urteil abzugeben. Diese Fähigkeit beeinflusst nun allerdings auch unser Urteil über Tiere, und vor allem bestimmt sie, wie groß das Interesse ist, das wir einem Tier entgegenbringen.

Gunnthorsdottir (2001) hat Studenten Plakate einer angeblich unbekannten Umweltschutzorganisation gezeigt. Auf diesen Plakaten wurde die Auswirkung der Abholzung in Zaire auf die Überlebenschancen bestimmter Arten angeprangert. Es war auch das Foto einer von dieser Abholzung bedrohten Tierart darauf zu sehen: eine Fledermaus oder ein Affe. Je nachdem zeigte dieses Foto ein Tier, das zuvor als anziehend oder als wenig attraktiv beurteilt worden war (ein schöner Affe und ein weniger reizvolles Exemplar, das Gleiche noch einmal für die Gattung der Fledermaus). Studenten in einer Kontrollgruppe bekamen keine Tierfotos zu sehen. Dann wurden alle Probanden gebeten, sich vorzustellen, sie sollten diese Stiftung unterstützen und ihr für ihren Kampf zur Erhaltung der Lebensräume dieser Arten eine bestimmte Geldsumme zur Verfügung stellen. Es zeigte sich, dass die Studenten, die Fotos von beiden Tierarten gesehen hatten, also vom Affen und der Fledermaus, jeweils der hübscheren Spezies mehr Gelder bereitstellten. Dem als weniger attraktiv empfundenen Tier gewährten sie eine ebenso große Summe wie die Studenten in der Kontrollgruppe, die kein Foto zu sehen bekommen hatten. Wir sind also durchaus bereit, die Tiere zu schützen, aber vor allem die niedlichen.

Liebe auf den ersten Blick

Das haben Sie alle schon einmal erlebt: Sie sind bei Freunden eingeladen und die Männer stehen in einer Ecke zusammen und reden über Fußball, die Frauen unterhalten sich über die Kinder. Affinität der Geschlechter nennt man dies. Man könnte sich nun fragen, ob es die gleiche Affinität auch zwischen Menschen und Tieren des gleichen Geschlechts gibt. Bei Hunden scheint dies tatsächlich der Fall zu sein.

Wells und Hepper (1999) haben Männer und Frauen vor Käfige eines Tierheimes gestellt, in denen sich Hunde und Hündinnen befanden. Diese Männer und Frauen sollten sich jeweils allein vor den Käfig stellen so wie ganz normale Besucher. Sie blieben jeweils zwei Minuten lang vor dem Hund stehen, und mittels einer Kamera wurde das Verhalten des Tieres aufgezeichnet. Der Hund wurde auch gefilmt, bevor der Besucher kam und nachdem er wieder gegangen war. Dann wurde das Verhalten des Hundes analysiert und festgehalten, ob er den Besucher freudig begrüßt hatte und, wenn ja, wie lange, ob er ihn fixiert und ob er gekläfft hatte, um seine Aufmerksamkeit zu erregen. Es zeigte sich, dass alle Hunde ganz allgemein einen Mann freudiger begrüßten als eine Frau. Auch schauten sie einen Mann länger an. Allerdings gab es Unterschiede je nach dem Geschlecht des Hundes. Die Vorliebe für den männlichen Besucher trat nämlich eher bei Rüden in Erscheinung als bei Hündinnen. Wenn sich allerdings Hund und Mensch im selben Käfig aufhielten, so haben andere Untersuchungen gezeigt, dass eine Hündin eher auf einen Mann zugeht als auf eine Frau und dass sie auch mehr Kontakt sucht als ein Rüde, der in dieser Situation gegenüber einem Mann oder einer Frau keinerlei Präferenz zeigt. Man könnte also sagen, die Hündin holt sich ihre Streicheleinheiten beim Mann, die freudige Begrüßung allerdings spielt sich allein unter Männern ab.

Literaturverzeichnis

Abschnitt 1

Bloom, P. (2000). *How Children Learn the Meanings of Words*, Cambridge, MA: MIT Press.

Kaminski, J., Call, J. & Fischer, J. (2004). Word learning in a domestic dog: Evidence for fast mapping, *Science*, *304*, 1682–1683.

Seidenberg, M. S. & Petitto, L. A. (1987). Communication, symbolic communication, and language in child and chimpanzee. Comment on Savage-Rumbaugh, McDonald, Sevcik, Hopkins, and Rupert (1986), *Journal of Experimental Psychology: General*, *116*, 279–287.

Abschnitt 2

APPMA (American Pet Products Manufacturers Association) (2005). *2005/2006 National Pet Owners Survey*, 10. Aufl., Byrum, CT.

Beggan, J. K. (1992). On the social nature of nonsocial perception: The mere ownership effect, *Journal of Personality and Social Psychology*, *62*, 229–237.

Brewer M. B. & Kramer, R. M. (1985). The psychology of intergroup attitudes and behavior, *Annual Review of Psychology*, *36*, 219–243.

Brown, J. (1986). Evaluations of self and others: Self-enhancement biases in social judgments, *Social Cognition*, *4*, 353–376.

Cialdini, R. B., Borden, R. J., Thorne, A., Walker, M. R., Freeman, S. & Sloan, L. R. (1976). Basking in reflected glory: Three (football) field studies, *Journal of Personality and Social Psychology*, *34*, 366–375.

Coren, S. (1995), *Die Intelligenz der Hunde*, Reinbek bei Hamburg: Rowohlt.

Dayton Business Journal. (2002). Many pet owners' paws on million-dollar matter, http://www.bizjournals.com/dayton/stories/2002/01/28/tidbits.html.

El-Alayli, A., Lystad, A. L., Webb, S. R., Hollingsworth, S. L. & Ciolli, J. L. (2006). Reigning cats and dogs: A pet-enhancement bias and its link to pet attachment, pet-self similarity, self-enhancement, and well-being, *Basic and Applied Social Psychology*, *28*, 131–143.

Hoorens, V. & Nuttin, J. M. Jr. (1993). The overvaluation of own attributes: Mere ownership or subjective frequency? *Social Cognition, 11*, 177–200.

Nesselroade, K. P. jr., Beggan, J. K. & Allison, S. T. (1999). Possession enhancement in an interpersonal context: An extension of the mere ownership effect, *Psychology and Marketing, 16*, 21–34.

Abschnitt 3

Csányi, V. (2005). *If Dogs Could Talk: Exploring the Canine Mind*, San Francisco: North Point Press.

Erdohegyi, Á., Topál, J. & Virányi, Z. (2007). Dog-logic: Inferential reasoning in a two-way choice task and its restricted use, *Animal Behaviour, 74*, 725–737.

Fallani, G., Prato-Previde, E. & Valsecchi, P. (2007). Behavioral and physiological responses of guide dogs to a situation of emotional distress, *Physiology & Behavior, 90*, 648–655.

Prato-Previde, E., Custance, D. M., Spiezio, C. & Sabatini, F. (2003). Is the dog-human relationship an attachment bond? An observational study using Ainsworth's strange situation, *Behaviour, 140*, 225–254.

Range, F., Aust, U., Steurer, M. & Huber, L. (2007). Visual categorization of natural stimuli by domestic dogs (*canis familiaris*), *Animal Cognition, 11(2)*, 339–347.

Schwab, C. & Huber, L. (2006). Obey or not obey? Dogs (*canis familiaris*) behave differently in response to attentional states of their owners, *Journal of Comparative Psychology, 120*, 169–175.

Topál, J., Byrne, R. W., Miklósi, A. & Csányi, V. (2006). Reproducing human actions and action sequences: „Do as I do !" in a dog, *Animal Cognition, 9(4)*, 355–367.

Udell, M. A. R., Dorey, N. R. & Wynne, C. D. L. (2008). Wolves outperform dogs in following human social cues, *Animal Behaviour, 76*, 1767–1773.

Ward, C. & Smuts, B. B. (2007). Quantity-based judgments in the domestic dog (*canis lupus familiaris*), *Animal Cognition, 10*, 71–80.

Abschnitt 4

Sims, V. K. & Chin, M. G. (2002). Responsiveness and perceived intelligence as predictors of speech addressed to cats, *Anthrozoös*, *15*, 166–177.

Abschnitt 5

Call, J. & Tomasello, M. (1996). The effect of humans on the cognitive development of apes, in A. E. Russon, K. A. Bard & S. T. Parker (Hrsg.), *Reaching into Thought*, Cambridge, England: Cambridge University Press, 371–403.

Ciccotti, S. (2006). *100 petites expériences de psychologie pour mieux comprendre votre bébé*, Paris: Dunod.

Hare, B. & Tomasello, M. (1999). Domestic dogs (*Canis familiaris*) use human and conspecific social cues to locate hidden food, *Journal of Comparative Psychology*, *113*, 173–177.

McKinley, J. & Sambrook, T. D. (2000). Use of human-given cues by domestic dogs (*Canis familiaris*) and horses (*Equus caballus*), *Animal Cognition*, *3*, 13–22.

Miklósi, A., Gácsi, M., Kubinyi, E., Virányi, Z. & Csányi, V. (2002). *Comprehension of the Human Pointing Gesture in Young Socialized Wolves and Dogs.*

Miklósi, A., Kubinyi, E., Topál, J., Gácsi, M., Virányi, Z. & Csányi, V. (2003). A simple reason for a big difference: Wolves do not look back at humans but dogs do, *Current Biology*, *13*, 763–766.

Miklósi, A., Polgardi, R., Topál, J. & Csányi, V. (1998). Use of experimenter-given cues in dogs, *Animal Cognition*, *1*, 113–121.

Miklósi, A., Pongracz, P., Lakatos, G., Topál, J. & Csányi, V. (2005). A comparative study of the use of visual communicative signals in interactions between dogs (*Canis familiaris*) and cats (*Felis catus*) and humans, *Journal of Comparative Psychology*, *119*, 179–186.

Miklósi, A. & Soproni, K. (2006). A comparative analysis of the animals' understanding of the human pointing gesture, *Animal Cognition, 9(2),* 81–93.

Soproni, K., Miklósi, A., Topál, J. & Csányi, V. (2001). Comprehension of human communicative signs in pet dogs (*canis familiaris*), *Journal of Comparative Psychology, 115*, 122–126.

Abschnitt 6

Adachi, I., Kuwahata, H. & Fujita, K. (2007). Dogs recall their owner's face upon hearing the owner's voice, *Animal Cognition, 10*, 17–21.

Abschnitt 7

Feuerstein, N. & Terkel, J. (2008). Interrelationships of dogs (*canis familiaris*) and cats (*felis catus L.*) living under the same roof, *Applied Animal Behaviour Science, 113*, 150–165.

Abschnitt 8

Ainsworth, M. & Wittig, B. A. (1969). Attachment and exploratory behavior of one-year olds in a strange situation, in B. M. Foss (Hrsg.), *Determinants of Infant Behavior*, Bd. 4, London: Methuen, 111–136.

Abschnitt 9

Avner, J. R. & Baker, M. D. (1991). Dog bites in urban children, *Pediatrics, 88*, 55–57.

Chapman, S., Cornwall, J., Righetti, J. & Sung, L. (2000). Preventing dog bites in children: Randomised controlled trial of an educational intervention, *British Medical Journal, 320*, 1512–1513.

Chun, Y., Berkelhamer, J. & Herold, T. (1982). Dog bites in children less than four years old, *Pediatrics, 69*, 119.

Feldman, K. A., Trent, R. & Jay, M. T. (2004). Epidemiology of hospitalizations due to dog bites in California, 1991–1998, *American Journal of Public Health, 94*, 1940–1941.

Millot, J. L., Filiatre, J. C., Gagnon, A. C., Eckerlin, A. & Montagner, H. (1988). Children and their pet dogs: How they communicate, *Behavioural Processes, 17*, 1–15.

Reisner, I. R., Shofer, F. S. & Nance, M. L. (2007). Behavioral assessment of child-directed canine aggression, *Injury Prevention*, *13*, 348–351.

Sacks, J. J., Kresnow, M. & Houston, B. (1996). Dog bites: How big a problem? *Injury Prevention*, *2*, 52–54.

Sacks, J. J., Sinclair, L., Gilchrist, J., Golab, G. C. & Lockwood, R. (2000). Breeds of dogs involved in fatal human attacks in the United States between 1979 and 1998, *Journal of the American Veterinary Medical Association*, *217*, 836–840.

Sinclair, C. L. & Zhou, C. (1995). Descriptive epidemiology of animal bites in Indiana, 1990–92. A rationale for intervention, *Public Health Rep.*, *110*, 64–67.

Weiss, H. B., Friedman, D. I. & Coben, J. (1998). Incidence of dog bite injuries treated in emergency departments, *The Journal of the American Medical Association*, *279*, 51–53.

Abschnitt 10

Hess, E. H. (1975). The role of pupil size in communication, *Scientific American*, *233*, 110–119.

Millot, J. L., Brand, G. & Schmitt, A. (1996). Affective attitudes of children and adults in relation to the pupil diameter of a cat: Preliminary data, *Anthrozoös*, *9*, 85–87.

Tombs, S. & Silverman, I. (2004). Pupillometry: A sexual selection approach, *Evolution and Human Behavior*, *25*, 221–228.

Abschnitt 11

Ciccotti, S. (2006). *100 petites expériences de psychologie pour mieux comprendre votre bébé*, Paris: Dunod.

Mitchell, R. W. (2001). Americans' talk to dogs: Similarities and differences with talk to infants, *Research on Language and Social Interaction*, *34(2)*, 183–210.

Abschnitt 12

Guéguen, N. (in Vorbereitung). Dogs resemble their owners but only when considering categories of dogs and categories of owners.

Payne, C. & Jaffe, K. (2007). Self seeks like: Many humans choose their dog pets following rules used for assortative mating, *Journal of Ethology*, *23*, 15–18.

Roy, M. M. & Christenfeld, N. J. S. (2004). Do dogs resemble their owners?, *Psychological Science*, *15*, 361–363.

Zajonc, R. B., Adelmann, P. K., Murphy, S. T. & Niedenthal, P. M. (1987). Convergence in the physical appearance of spouses, *Motivation and Emotion*, *11*, 335–346.

Abschnitt 13

Durdan, C. A., Reeder, G. D. & Hecht, P. R. (1985). Litter in a university cafeteria. Demographic data and the use of prompts as an intervention strategy, *Environment and Behavior*, *17*, 387–404.

Franzen, A. & Meyer, R. (2004). Climate change in environmental attitudes? An analysis of the ISSP 2000, *Zeitschrift für Soziologie*, *33*, 119–137.

Mohai, P. (1992). Men, women, and the environment – An examination of the gender-gap in environmental concern and activism, *Society and Natural Resources*, *5*, 1–19.

O'Lorcain, P. (1994). Prevalence of toxocara canis ova in public playgrounds in the Dublin area of Ireland, *Journal of Helminthology*, *68*, 237–241.

Wells, D. L. (2006). Factors influencing owners' reactions to their dogs' fouling, *Environment and Behavior*, *38*, 707–714.

Yilmaz, O., Boone, W. J. & Anderson, H. O. (2004). Views of elementary and middle school Turkish students toward environmental issues, *International Journal of Science Education*, *26*, 1527–1546.

Abschnitt 14

Coppinger, R. & Coppinger, L. (2002). *A New Understanding of Canine Origin, Behavior, and Evolution*, Chicago, IL: University of Chicago Press.

Abschnitt 15

Haidt, J., Koller, S. H. & Dias, M. G. (1993). Affect, culture, and morality, or is it wrong to eat your dog?, *Journal of Personality and Social Psychology*, *65*, 613–28.

Abschnitt 16

Barnes, J. E., Boat, B. W., Putnam, F. W., Dates, H. F. & Mahlman, A. R. (2006). Ownership of high-risk („vicious") dogs as a marker for deviant behaviors, *Journal of Interpersonal Violence*, *21*, 1616–1634.

Ragatz, L., Fremouw, W. & Thomas, T. (2009). Vicious dogs: The antisocial behaviors and psychological characteristics of owners, *Journal of Forensic Science*, *54*, 699–703.

Abschnitt 17

Baldry, A. C. (2003). Animal abuse and exposure to interparental violence in Italian youth, *Journal of Interpersonal Violence*, *18*, 258–281.

Dadds, M. R., Whiting, C. & Hawes, D. J. (2006). Associations among cruelty to animals, family conflict, and psychopathic traits in childhood, *Journal of Interpersonal Violence*, *21*, 411–429.

Hensley, C. & Tallichet, S. E. (2009a). Childhood and adolescent animal cruelty methods and their possible link to adult violent crimes, *Journal of Interpersonal Violence*, *24*, 147–158.

Hensley, C. & Tallichet, S. E. (2009b). The effect of inmates' self-reported childhood and adolescent animal cruelty: Motivations on the number of convictions for adult violent interpersonal crimes, *International Journal of Offender Therapy and Comparative Criminology*, *52*, 175–184.

Kellert, S. & Felthous, A. (1985). Childhood cruelty toward animals among criminals and noncriminals, *Human Relations*, *38*, 113–139.

Merz-Perez, L., Heide, K. M. & Silverman, I. J. (2001). Childhood cruelty to animals and subsequent violence against humans, *International Journal of Offender Therapy and Comparative Criminology*, *45*, 556–573.

Ressler, R. K., Burgess, A. W., Hartman, C. R., Douglas, J. E. & McCormak, A. (1998). Murderers who rape and mutilate, in R. Lockwood & F. A. Ascione (Hrsg.), *Cruelty to Animals and Interpersonal Violence*, West Lafayette, IN: Purdue University Press, 179–193.

Rigdon, J. D. & Tapia, F. (1977). Children who are cruel to animals: A follow-up study, *Journal of Interpersonal Violence*, *1*, 273–287.

Tallichet, S. F. & Hensley, C. (2004). Exploring the link between recurrent acts of childhood and adolescent animal cruelty and subsequent violent crime, *Criminal Justice Review*, *29*, 304–316.

Tallichet, S. F. & Hensley, C. (2005). Rural and urban differences in the commission of animal cruelty, *International Journal of Offender Therapy and Comparative Criminology*, *49*, 711–726.

Tallichet, S. F. & Hensley, C. (im Druck). The social and emotional context of childhood and adolescent animal cruelty. Is there a link to adult interpersonal crimes?, *International Journal of Offender Therapy and Comparative Criminology*.

Verlinden, S. (2000). *Risk factors in school shootings, dissertation doctorale non publiée*, Forest Grove, OR: Pacific University.

Wright, J. & Hensley, C. (2003). From animal cruelty to serial murder: Applying the graduation hypothesis, *International Journal of Offender Therapy and Comparative Criminology*, *47(1)*, 71–88.

Abschnitt 18

Ascione, F. R. (1994). Children who are cruel to animals: A review of research and implications for developmental psychopathology, *Anthrozoös*, *6*, 226–247.

DeGue, S. & DiLillo, D. (2009). Is animal cruelty a „red flag" for family violence? Investigating co-occurring violence towards children, partners, and pets, *Journal of Interpersonal Violence*, *24*, 1036–1056.

Faver, C. A. & Strand, E. B. (2003). To leave or to stay? Battered women's concern for vulnerable pets, *Journal of Interpersonal Violence*, *18*, 1367–1377.

Flynn, C. P. (2000). Woman's best friend. Pet abuse and the role of companion animals in the lives of battered women, *Violence Against Women*, *6*, 162–177.

Kogan, L. R., McConnell, S., Schoenfeld-Tacher, R. & Jansen-Lock, P. (2004). Crosstrails. A unique foster program to provide safety for pets of women in safehouses, *Violence Against Women*, *10*, 418–434.

Simmons, C. A. & Lehmann, P. (2007). Exploring the link between pet abuse and controlling behaviors in violent relationships, *Journal of Interpersonal Violence*, *22*, 1211–1222.

Volant, A. M., Johnson, J. A., Gullone, E. & Coleman, G. J. (2008). The relationship between domestic violence and animal abuse: An Australian study, *Journal of Interpersonal Violence*, *23*, 1277–1295.

Abschnitt 19

Brown, S. G. & Rhodes, R. E. (2006). Relationships among dog ownership and leisure time walking in Western Canadian adults, *American Journal of Preventive Medicine*, *30*, 131–136.

Coleman, K. J., Rosenberg, D. E., Conway, T. L., Sallis, J. F., Saelens, B. E., Frank, L. D. & Cain, K. (2008). Physical activity, weight status, and neighborhood characteristics of dog walkers, *Preventive Medicine*, *47*, 309–312.

Cutt, H., Giles-Corti, B., Knuiman, M., Timperio, A. & Bull, F. (2008). Understanding dog owners' increased levels of physical activity: Results from RESIDE, *American Journal Public Health*, *98*, 66–69.

Thorpe, R. J. jr., Simonsick, E. M., Brach, J. S., Ayonayon, H., Sat-terfield, S., Harris, T. B., Garcia, M. & Kritchevsky, S. B. (2006). Dog ownership, walking behavior, and maintained mobility in late life, *Journal of American Geriatrics Society*, *54*, 1419–1424.

Timperio, A., Salmon, J., Chu, B. & Andrianopoulos, N. (2008). Is dog ownership or dog walking associated with weight status in children and their parents?, *Health Promotion Journal of Australia*, *19*, 60–63.

Abschnitt 20

Colby, P. M. & Sherman, A. (2002). Attachment styles impact on pet visitation effectiveness, *Anthrozoös*, *15*, 150–165.

Corson, S. & Corson, E. O. (1981). Companion animals as bonding catalysts in geriatric institutions, in B. Fogle (Hrsg.), *Interactions Between People and Pets*, Springfield, IL: Charles C. Thomas.

Headey, B. & Krause, P. (1999). Health benefits and potential budget savings due to pets: Australian and German survey results, *Australian Social Monitor*, *2*, 37–41.

Hecht, L., McMillin, J. D. & Silverman, P. (2001). Pets, networks and well-being, *Anthrozoös*, *14*, 95–105.

Jorm, A. F., Jacomb, P. A., Christensen, H., Henderson, S., Korten, A. E. & Rodgers, B. (1997). Impact of pet ownership on elderly Australians' use of medical services: An analysis using Medicare data, *Medical Journal of Australia*, *166*, 376–377.

Kidd, A. H. & Feldmann, B. M. (1981). Pet ownership and self perceptions of older people, *Psychological Reports*, *48*, 867–875.

Likourezos, A., Burack, O. & Lantz, M. S. (2002). The therapeutic use of companion animals, *Clinical Geriatrics*, *10*, 31–33.

Raina, P., Waltner-Toews, D., Bonnett, B., Woodward, C. & Abernathy, T. (1999). Influence of companion animals on the physical and psychological health of older people: An analysis of a one-year longitudinal, *Journal of the American Geriatrics Society*, *47*, 323–329.

Richeson, N. E. (2003). Effects of animal-assisted therapy on agitated behaviors and social interactions of older adults with dementia, *American Journal of Alzheimer's Disease & Other Dementias*, *18*, 353–358.

Wilson, C. C. & Turner, D. C. (1998). *Loneliness, Stress and Human-Animal Attachment Among Older Adults. Companion Animals in Human Health*, Thousand Oaks, CA: Sage Publications, 123–134.

Abschnitt 21

Zheng, R., Na, F. & Headey, B. (2007). Pet dogs benefit owners' health: A „natural experiment" in China, 11th International Conference on Human-Animal Interactions, Tokio, 5.–8. Oktober 2007.

Abschnitt 22

Allen, K. M., Blascovich, J. & Mendes, W. B. (2002). Cardiovascular reactivity and the presence of pets, friends and spouses: The truth about cats and dogs, *Psychosomatic Medicine*, *64*, 727–739.

Allen, K. M., Blascovich, J., Tomaka, J. & Kelsey, R. M. (1991). Presence of human friends and pet dogs as moderators of autonomic responses to stress in women, *Journal of Personality and Social Psychology*, *61*, 582–589.

Anderson, W. P., Reid, C. M. & Jennings, G. L. (1992). Pet ownership and risk factors for cardiovascular disease, *Medical Journal of Australia*, *157*, 298–301.

Dembicki, D. & Anderson, J. (1996). Pet ownership may be a factor in improved health of the elderly, *Journal of Nutrition for the Elderly*, *15*, 15–31.

Friedmann, E. & Thomas, S. A. (1995). Pet ownership, social support, and one year survival after acute myocardial infarction in the cardiac arrhythmia suppression trial (CAST), *American Journal of Cardiology*, *76*, 1213–1217.

Hart, L. A., Hart, B. L. & Bergin, B. (1987). Socializing effects of service dogs for people with disabilities, *Anthrozoös*, *1*, 41–44.

Hart, L. A., Zasloff, R. L. & Benfatto, A. M. (1995). The pleasures and problems of hearing dog ownership, *Psychological Reports*, *77*, 969–970.

Lane, D. R., McNicholas, J. & Collis, G. M. (1998). Dogs for the disabled: Benefits to recipients and welfare of the dog, *Applied Animal Behaviour Science*, *59*, 49–60.

Sanders, C. R. (2000). The impact of guide dogs on the identity of people with visual impairments, *Anthrozoös*, *13*, 131–139.

Serpell, J. A. (1991). Beneficial effects of pet ownership on some aspects of human health and behaviour, *Journal of the Royal Society of Medicine*, *84*, 717–720.

Somervill, J. W., Kruglikova, Y. A., Robertson, R. L., Hanson, L. M. & MacLin, O. H. (2008). Physiological responses by college students to a dog and a cat: Implications for pet therapy, *North American Journal of Psychology*, *10*, 519–528.

Steffens, M. C. & Bergler, R. (1998). Blind people and their dogs, in C. C. Wilson & D. C. Turner (Hrsg.), *Companion Animals in Human Health*, Thousand Oaks, CA: Sage Publications, 149–157.

Straede, C. M. & Gates, G. R. (1993). Psychological health in a population of Australian cat owners, *Anthrozoös*, *6*, 30–41.

Wells, D. L. (2007). Domestic dogs and human health: An overview, *British Journal of Health Psychology*, *12*, 145–156.

Wilson, C. C. (1991). The pet as an anxiolytic intervention, *Journal of Nervous and Mental Disease*, *179*, 482–489.

Wilson, C. C. & Turner, D. C. (1998). *Companion Animals in Human Health*, London: Sage Publications.

Abschnitt 23

Brown, S. W. & Strong, V. (2001). The use of seizure-alert dogs, *Seizure*, *10*, 39–41.

Dalziel, D. J., Uthman, B. M., McGorray, S. P. & Reep, R. L. (2003). Seizure-alert dogs: A review and preliminary study, *Seizure*, *12*, 115–120.

Edney, A. T. B. (1991). Dogs as predictors of human epilepsy, *Veterinary Record*, *129*, 251.

Edney, A. T. B. (1993). Companion animal topics: Dogs and human epilepsy, *Veterinary Record*, *132*, 337–338.

Kirton, A., Wirrell, E., Zhang, J. & Hamiwka, L. (2004). Seizure-alerting and -response behaviors in dogs living with epileptic children, *Neurology*, *62*, 2303–2305.

Strong, V. & Brown, S. W. (2000). Should people with epilepsy have untrained dogs as pets?, *Seizure*, *9*, 427–430.

Strong, V., Brown, S. W., Huyton, M. & Coyle, H. (2002). Effect of trained seizure alert dogs on frequency of tonic-clonic seizures, *Seizure*, *11*, 402–405.

Abschnitt 24

Chen, M., Daly, M., Natt, S. & Williams, G. (2000). Noninvasive detection of hypoglycaemia using a novel, fully biocompatible and patient friendly alarm system, *British Medical Journal*, *321*, 1565–1566.

Lim, K., Wilcox, A., Fisher, M. & Burns-Cox, C. I. (1992). Type 1 diabetics and their pets, *Diabetic Medicine*, *9*, 3–4.

McAulay, V., Deary, I. J. & Frier, B. M. (2001). Symptoms of hypoglycaemia in people with diabetes, *Diabetic Medicine*, *18*, 690–705.

Abschnitt 25

Church, J. & Williams, H. (2001). Another sniffer dog for the clinic?, *Lancet*, *358*, 930.

Di Natale, C., Macagnano, A., Martinelli, E., Paolesse, R., D'Arcangelo, G., Roscioni, C., Finazzi-Agro, A. & D'Amico, A. (2003). Lung cancer identification by the analysis of breath by means of an array of non-selective gas sensors, *Biosensory Bioelectronics*, *18*, 1209–1218.

Dobson, R. (2003). Dogs can sniff out first signs of men's cancer, *Sunday Times*, 27. April.

Phillips, M., Cataneo, R. N., Ditkoff, B. A., Fisher, P., Greenberg, J., Gunawardena, R., Kwon, C. S., Rahbari-Oskoui, F. & Wong, C. (2003). Volatile markers of breast cancer in the breath, *Breast Journal*, 9, 184–191.

Schoon, G. A. A. (1997). The performance of dogs in identifying humans by scent, unveröffentlichte PhD-Thesis, Universität Leiden, Niederlande.

Williams, H. & Pembroke, A. (1989). Sniffer dogs in the melanoma clinic?, *The Lancet*, 1, 734.

Willis, C. M., Church, S. M., Guest, C. M, Cook, W. A., McCarthy, N., Bransbury, A. J., Church, M. R. & Church, J. C. (2004). Olfactory detection of human bladder cancer by dogs: Proof of principle study, *British Medical Journal*, 329, 1286–1287.

Abschnitt 26

Hesselmar, B., Aberg, N., Aberg, B., Eriksson, B. & Bjorksten, B. (1999). Does early exposure to a cat or dog protect against later allergy development?, *Clinical Experimental Allergy*, 29, 611–617.

Ownby, D. R., Johnson, C. C. & Peterson, E. L. (2002). Exposure to dogs and cats in the first year of life and risk of allergic sensitization at 6 to 7 years of age, *The Journal of the American Medical Association*, 288, 963–972.

Abschnitt 27

Beck, A. & Katcher, A. (1983). *Between Pets and People: The Importance of Animal Companionship*, New York: Putnam.

Branch, L. (2008). Women over 50 and companion animals: The role of pets in women's later life development, *Dissertation Abstracts International*, 69, 405.

Folse, E. B., Minder, C. C., Aycock, M. J. & Santana, R. T. (1994). Animal-assisted therapy and depression in adult college students, *Anthrozoös*, 7, 188–194.

Garrity, T. F., Stallones, L., Marx, M. B. & Johnson, T. P. (1989). Pet ownership and attachment as supportive factors in the health of the elderly, *Anthrozoös*, *3*, 35–44.

Hunt, G. M. & Stein, H. C. (2007). Who let the dogs in? A pets policy for a supported housing organization, *American Journal of Psychiatric Rehabilitation*, *10*, 163–183.

Lane, D. R., McNicholas, J. & Collis, G. M. (1998). Dogs for the disabled: Benefits to recipients and welfare of the dog, *Applied Animal Behaviour Science*, *59*, 49–60.

McNicholas, J. & Collis, G. M. (1998). Could type A (coronary prone) personality explain the association between pet ownership and health?, in C. C. Wilson & D. C. Turner (Hrsg.), *Companion Animals in Human Health*. Thousand Oaks, CA: Sage Publications S. 173–185.

Souter, M. A. & Miller, M. D. (2007). Do animal-assisted activities effectively treat depression? A meta-analysis, *Anthrozoös*, *20*, 167–180.

Triebenbacher, S. L. (1998). The relationship between attachment to companion animals and self-esteem, in C. C. Wilson & D. C. Turner (Hrsg.), *Companion Animals in Human Health*, London: Sage Publications, 135–148.

Wells, D. L. (2004). The facilitation of social interactions by domestic dogs, *Anthrozoös*, *17*, 340–352.

Abschnitt 28

Barker, S. B. & Dawson, K. S. (1998). The effects of animal-assisted therapy on anxiety ratings of hospitalized psychiatric patients, *Psychiatric Services*, *49*, 797–801.

Kovacs, Z., Rozsa, S. & Rozsa, L. (2004). Animal assisted therapy for middle-aged schizophrenic patients living in a social institution: A pilot study, *Clinical Rehabilitation*, *18*, 483–486.

Sockalingam, S., Li, M., Krishnadev, U., Hanson, K., Balaban, K., Pacione, L. R. & Bhalerao, S. (2008). Use of animal-assisted therapy in the rehabilitation of an assault victim with a concurrent mood disorder, *Issues in Mental Health Nursing*, *29*, 73–84.

Abschnitt 29

Daly, B. & Morton, L. L. (2006). An investigation of human-animal interactions and empathy in children: An investigation of human-animal interactions and empathy as related to pet preference, ownership, attachment, and attitudes in children, *Anthrozoös, 19*, 113–127.

Kidd, A. H. & Kidd, R. M. (1985). Children's attitudes toward their pets, *Psychological Reports*, *57*, 15–31.

Melson, G. F. (2003). Child Development and the human-companion animal bond, *American Behavioral Scientist, 47*, 31-39.

Poresky, R. H. (1996). Companion animals and other factors affecting young children's development, *Anthrozoös, 9(4)*, 159–168.

Triebenbacher, S. L. (1998). Pets as transitional objects: Their role in children's emotional development, *Psychological Reports, 82(1)*, 191–200.

Abschnitt 30

Baról, J. (2006). Filmsequenzen aus http://www.youtube.com/bosquecat.

Carenzi, C., Galimberti, M. M., Buttram, D. D. & Prato-Previde, E. (2007). The effects of Animal Assisted Therapy (AAT) on the interaction abilities of children with autism, 11th International Conference on Human-Animal Interactions, IAHAIO, Universität Tokio, 5.–8. Oktober 2007.

Fossati, R. & Taboni, A. (2007). A speechless child: Two years and a half of AAT versus autism, 11th International Conference on Human-Animal Interactions, IAHAIO, Universität Tokio, 5.–8. Oktober 2007.

Martin, F. & Farnum, J. (2002). Animal-assisted therapy for children with pervasive developmental disorders, *Western Journal of Nursing Research*, *24*, 657–70.

Yeh, M. L. (2007). Canine animal-assisted therapy model for the autistic children in Taiwan. The effects of Animal Assisted Therapy (AAT) on the interaction abilities of children with autism, 11th International Conference on Human-Animal Interactions, IAHAIO, Universität Tokio, 5.–8. Oktober 2007.

Abschnitt 31

Antonioli, C. & Reveley, M. A. (2005). Randomised controlled trial of animal facilitated therapy with dolphins in the treatment of depression, *British Medical Journal*, *331*, 1231.

Bertoti, D. B. (1988). Effect of therapeutic horseback riding on posture in children with cerebral palsy, *Physical Therapy*, *68*, 1505–1512.

Garrity, T. & Stallones, L. (1998). Effects of pet contact on human well-being: Review of recent research, in C. C. Wilson & D. C. Turner (Hrsg.), *Companion Animals in Human Health*, Thousand Oaks, CA: Sage Publications.

Iannuzzi, D. & Rowan, A. N. (1991). Ethical issues in animal-assisted therapy programs, *Anthrozoös*, *4*, 154–163.

Jorgenson, J. (1997). Therapeutic use of companion animals in health care, *Image: The Journal of Nursing Scholarship*, *29*, 249–254.

Lutwack-Bloom, P., Wijewickrama, R. & Smith, B. (2005). Effects of pets versus people visits with nursing home residents, *Journal of Gerontological Social Work*, *44*, 137–159.

Ory, M. G. & Goldberg, E. L. (1983). Pet possession and life satisfaction in elderly women, in A. H. Katcher & A. M. Beck (Hrsg.), *New Perspectives on our Lives with Companion Animals*, Philadelphia: University of Pennsylvania Press, 303–317.

Zisselman, M., Rovner, B., Shmuely, Y. & Ferrie, P. (1996). A pet therapy intervention with geriatric psychiatry inpatients, *The American Journal of Occupational Therapy*, *50(1)*, 47–51.

Abschnitt 32

Coker, A. L., Watkins, K. W., Smith, P. H. & Brandt, H. M. (2003). Social support reduces the impact of partner violence on health: Application of structural equation models, *Preventive Medicine, 37*, 259–267.

Debra, H., Kemball, R., Rhodes, K. & Kaslow, N. (2006). Intimate partner violence and mental health symptoms in African American female ED patients, *American Journal of Emergency Medicine, 24*, 444–450.

Fitzgerald, A. J. (2007). They gave me a reason to live: The protective effects of companion animals on the suicidality of abused women, *Humanity & Society, 31*, 355–378.

Golding, J. (1999). Intimate partner violence as a risk factor for mental disorders: A meta-analysis, *Journal of Family Violence, 14*, 99–132.

Morley, C. & Fook, J. (2005). The importance of pet loss and some implications for services, *Mortality, 10*, 127–143.

Renzetti, C. M. (1992). *Violent Betrayal: Partner Abuse in Lesbian Relationships*, Thousand Oaks, CA: Sage Publications.

Stark, E. & Flitcraft, A. (1996). *Woman at risk: Domestic violence and women's Health,* Thousand Oaks, CA: Sage Publications.

Abschnitt 33

Bustad, L. K. (Hrsg.) (1990). *Compassion: Our last great hope.* Renton, WA: Delta Society.

Hines, L. (1983). Pets in prison: A new partnership, *California Veterinarian*, 7.–17. Mai.

Merriam-Arduini, S. (2000). Evaluation of an experimental program designed to have a positive effect on adjudicated violent, incarcerated male juveniles age 12–25 in the state of Oregon, unveröffentlichte Dissertation, Pepperdine University.

Strimple, E. O. (2003). A history of prison inmate-animal interaction programs, *The American Behavioral Scientist, 47*, 70–78.

Turner ,W. G. (2007). The experiences of offenders in a prison canine program, *Federal Probation*, *71*, 38, 43.

Wals, P. & Mertin, P. (1994). The training of pets as therapy dogs in a women's prison: A pilot study, *Anthrozoös*, *7(2)*, 124–128.

Abschnitt 34

Bandura, A. & Menlove, F. L. (1968). Factors determining vicarious extinction of avoidance behavior through symbolic modeling, *Journal of Personality & Social Psychology*, *8*, 99–108.

Guéguen, N. & Ciccotti, S. (in Vorbereitung). The effect of the robotic dog AIBO on children dog phobia.

Abschnitt 35

Davis, E., Davies, B., Wolfe, R., Raadsveld, R., Heine, B., Thomason, P., Dobson, F. & Graham, H. K. (2009). A randomized controlled trial of the impact of therapeutic horse riding on the quality of life, health, and function of children with cerebral palsy, *Developmental Medicine & Child Neurology*, *51*, 111–119.

Foley, A. J. (2008). *Conflict and Connection: A Theoretical and Evaluative Study of an Equine-Assisted Psychotherapy Program for At-Risk and Delinquent Girls*, Boulder, CO: University of Colorado.

Lutter, C. B. (2008). *Equine Assisted Therapy and Exercise with Eating Disorders: A Retrospective Chart Review and Mixed Method Analysis*, Arlington, TX: University of Texas.

Russell-Martin, L. A. (2006). *Equine Facilitated Couples Therapy and Solution Focused Couples Therapy: A Comparison Study*, Prescott Valley, AZ: Northcentral University.

Ventrudo, T. (2006). *Parent's Perspective: Is Horseback Riding Beneficial to Children with Disabilities?*, New York: Touro College.

Abschnitt 36

Antonioli, C. & Reveley, M. A. (2005). Randomised controlled trial of animal facilitated therapy with dolphins in the treatment of depression, *British Medical Journal*, *331*, 1231–1234.

Brensing, K. & Linke, K. (2003). Behavior of dolphins towards adults and children during swim-with-dolphin programs and towards children with disabilities during therapy sessions, *Anthrozoös, 16*, 315–331.

Nathanson, D. E. (1998). Long-term effectiveness of dolphin assisted therapy for children with severe disabilities, *Anthrozoös, 11*, 22–32.

Nathanson, D. E., de Castro, D., Friend, H. & McMahon, M. (1997). Effectiveness of short-term dolphin assisted therapy for children with severe disabilities, *Anthrozoös, 10*, 90–100.

Webb, N. L., Drummond, P. D. (2001). The effect of swimming with dolphins on human well-being and anxiety, *Anthrozoös, 14*, 81–85.

Abschnitt 37

Barker, S. B., Pandurangi, A. K. & Best, A. M. (2003). Effects of animal-assisted therapy on patients' anxiety, fear, and depression before ECT, *Journal of ECT, 19(1)*, 38–44.

Barker, S. B., Rasmussen, K. G. & Best, A. A. (2003). Effect of aquariums on electroconvulsive therapy patients, *Anthrozoös, 16(3)*, 229–240.

DeSchriver, M. M., Riddick, C. C. (1990). Effects of watching aquariums on elders' stress, *Anthrozoös, 4(1)*, 44–48.

Edwards, N. & Beck, A. M. (2002). Animal-assisted therapy and nutrition in Alzheimer's disease, *Western Journal of Nursing Research, 24(6)*, 697–712.

Edwards, N. & Beck, A. M. (2003). *Using Aquariums in Managing Alzheimer's Disease: Increasing Nutrition and Improving Staff Morale*, Pet Care Trust Final Report.

Guéguen, N. & GrandGeorge, M. (unveröffentlicht). Aquarium presence and helping behavior, *Anthrozoös*.

Katcher, A., Segal, H. & Beck, A. (1984). Comparison of contemplation and hypnosis for the reduction of anxiety and discomfort during dental surgery, *American Journal of Clinical Hypnosis, 27*, 14–21.

Abschnitt 38

Nicholson, J., Kemp-Wheeler, S., Griffiths, D. (1995). Distress arising from the end of a guide dog partnership, *Anthrozoös 8(2)*, 100–110.

Wells, M. (2000). Office clutter or meaningful personal displays: The role of office personalization in employee and organizational well-being, *Journal of Environmental Psychology*, *20*, 239–255.

Wells, M. & Perrine, R. (2001). Critters in the cube farm: Perceived psychological and organizational effects of pets in the workplace, *Journal of Occupational Health Psychology*, *6*, 81–87.

Abschnitt 39

Ajinomoto General Foods, Inc. (1996). *Heisei heikin pet zou: Pet ha kodomo ! wagaya no ichiin* (*Heisei average pet image: Pets are children! Members of my family*).

Albert, A. & Bulcroft, K. (1988). Pets, families, and the life course, *Journal of Marriage and the Family*, *50*, 543–552.

Barker, S. B. & Barker, R. T. (1988). The human-canine bond: Closer than family ties?, *Journal of Mental Health Counseling*, *10*, 46–56.

Barker, S. B. & Barker, R. T. (1990). Investigation of the construct validity of the Family Life Space Diagram, *Journal of Mental Health Counseling*, *12*, 506–514.

Gage, M. G. & Guadagno, M. A. (1985). And Rover makes tour, communication à l'International Conference of the Delta Society, Denver, CO.

Gage, M. G. & Holcomb, R. (1991). Couples' perception of stressfulness of death of the family pet, *Family Relations*, *40*, 103–105.

Nicholson, J., Kemp-Wheeler, S. M. & Griffiths, D. (1995). Distress arising from the end of a guide dog partnership. *Anthrozoös* VIII, (2), 100–110.

Triebenbacher, S. (1998). Pets as transitional objects: Their role in children's emotional development, *Psychological Reports*, *82*, 191–200.

Zasloff, R. & Kidd, A. (1994). Loneliness and pet ownership among single women, *Psychological Reports*, *75*, 747–752.

Abschnitt 40

Eddy, J., Hart, L. A. & Boltz, R. P. (1988). The effects of service dogs on social acknowledgments of people in wheelchairs, *The Journal of Psychology: Interdisciplinary and Applied*, *122*, 39–45.

Hien, E. & Deputte, B. L. (1997). Influence of a capuchin monkey companion on the social life of a person with quadriplegia: An experimental study, *Anthrozoös*, *10(2/3)*, 101–107.

McNicholas, J. & Collis, G. M. (2000). Dogs as catalysts for social interactions: Robustness of the effect, *British Journal of Psychology*, *91*, 61–70.

Wells, D. L. (2004). The facilitation of social interactions by domestic dogs, *Anthrozoös*, *17*, 340–352.

Abschnitt 41

Hunt, S. J., Hart, L. A. & Gomulkiewicz, R. (1992). Role of small animals in social interactions between strangers, *The Journal of Social Psychology*, *132*, 245–256.

Abschnitt 42

Guéguen, N. (2007). 100 petites expériences en psychologie de la séduction pour mieux comprendre nos comportements amoureux, Paris: Dunod.

Guéguen, N. (in Vorbereitung). Further evidence of the dog facilitating effect in social interaction, *Anthrozoös*.

Guéguen, N. & Ciccotti, S. (2008). Domestic dogs as facilitators in social interaction: An evaluation of helping and courtship behaviors, *Anthrozoös*, *21(4)*, 339–349.

Guéguen, N. & Ciccotti, S. (unveröffentlicht). The attractive impact of a cat or a dog associated with a personal ad on the web, *Cyber Psychology & Behavior*.

Guéguen, N. & Fischer-Lokou, J. (unveröffentlicht). Male's interest for a pet and woman memory of the male's characteristics, *Perceptual & Motor Skills*.

Abschnitt 43

Freedman, R. (1986). *Beauty Bound*, Lexington, MA: D.C. Heath.

Guéguen, N. (unveröffentlicht). Human hair color and cats coat color: An empirical and experimental link, *Psychological Science*.

Guéguen, N. & Lamy, L. (2009). Hitchhiking women's hair color, *Perceptual and Motor Skills, 109(3)*, 941–948.

Hinsz, V. B., Matz, D. C. & Patience, R. A. (2001). Does women's hair signal reproductive potential?, *Journal of Experimental Social Psychology*, *37*, 166–172.

Jacobi, L. & Cash, T. F. (1995). In pursuit of the perfect appearance: Discrepancies among self-ideal percepts of multiple physical attributes, *Journal of Applied Social Psychology*, *24*, 379–396.

Wells, D. L. & Hepper, P. G. (1992). The behaviour of dogs in a rescue shelter, *Animal Welfare*, *1*, 171–186.

Abschnitt 44

Hergovich, A., Monshi, B., Semmler, G. & Zieglmayer, V. (2002). The effects of the presence of a dog in the classroom, *Anthrozoös*, *15*, 37–50.

Kotrschal, K. & Ortbauer, B. (2003). Behavioral effects of the presence of a dog in a classroom, *Anthrozoös*, *16*, 147–159.

Tissen, I., Hergovich, A. & Spiel, C. (2007). School-based social training with and without dogs: Evaluation of their effectiveness, *Anthrozoös*, *20*, 365–373.

Abschnitt 45

Guéguen, N. & Vion, M. (unveröffentlicht). Classroom children's interaction with a cat and later cooperation: A field study, *Psychology and Education: An International Journal*.

Hergovich, A., Monshi, B., Semmler, G. & Zieglmayer, V. (2002). The effects of the presence of a dog in the classroom, *Anthrozoös*, *15*, 37–50.

Abschnitt 46

DeSchriver, M. M. & Riddick, C. C. (1990). Effects of watching aquariums on elders' stress, *Anthrozoös*, *4*, 44–48.

Limond, J. A., Bradshaw, J. W. S. & Comak, M. K. (1997). Behavior of children with learning disabilities interacting with a therapy dog, *Anthrozoös*, *10*, 84–89.

Nielsen, J. A. & Delude, L. A. (1989). Behavior of young children in the presence of different kinds of animals, *Anthrozoös*, *3*, 119–129.

Ribi, F. N., Yokoyama, A. & Turner, D. C. (2008). Comparison of children's behavior toward Sony's robotic dog AIBO and a real dog. A pilot study, *Anthrozoös*, *21*, 245–256.

Taylor, E., Maser, S., Yee, J. & Gonzalez, S. (1993). Effects of animals on eye contact and vocalizations of elderly residents in a long term care facility, *Physical and Occupational Therapy in Geriatrics*, *11*, 61–71.

Abschnitt 47

Budge, R. C., Spicer, J., Saint George, R. & Jones, B. R. (1997). Compatibility stereotypes of people and pets: A photograph matching study, *Anthrozoös*, *10*, 37–46.

Elliot, A. J. & Niesta, D. (2008). Romantic red: Red enhances men's attraction to women, *Journal of Personality and Social Psychology*, *95*, 1150–1164.

Green, P. & Giles, H. (1973). Reactions to a stranger as a function of dress style: The tie, *Perceptual and Motor Skills*, *37*, 676.

Kenny, C. & Fletcher, D. (1973). Effects of beardedness on person perception, *Perceptual and Motor Skills*, *37*, 413–414.

Mae, L., McMorris, L. E. & Hendry, J. L. (2004). Spontaneous trait transference from dogs to owners, *Anthrozoös*, *17*, 225–243.

Abschnitt 48

Guéguen, N. & Ciccotti, S. (erscheint in Kürze). Does a dog's presence make a nice person appear nicer?, *Journal of Human-Animal Studies*.

Rossbach, K. A. & Wilson, J. P. (1991). Does a dog's presence make a person appear more likable?: Two studies, *Anthrozoös*, *5*, 40–51.

Abschnitt 49

Abel, E. L. & Kruger, M. L. (2007). Gender related naming practices: Similarities and differences between people and their dogs, *Sex Roles*, *57*, 15–19.

Barry, H. & Harper, A. S. (2000). Three last letters identify most female first names, *Psychological Reports*, *87*, 48–54.

Harris, D. (1998). Pet names and passwords, *Southwest Review*, *83*, 144–157.

Whissell, C. (2006). Emotion in the sounds of pets names, *Perceptual and Motor Skills*, *102*, 121–124.

Abschnitt 50

Guéguen, N. & Ciccotti, S. (2008). Domestic dogs as facilitators in social interaction: An evaluation of helping and courtship behaviors, *Anthrozoös*, *21*, 339–349.

Abschnitt 51

Pichel, C. H. & Hart, L. A. (1989). Desensitization of sexual anxiety: Relaxation, play, and touch experiences with a pet, *Anthrozoös*, *2*, 58–61.

Abschnitt 52

Albert, A. & Anderson, M. (1997). Dogs, cats and morale maintenance, *Anthrozoös*, *10*, 121–124.

Paul, E. S. (2000). Empathy with animals and with humans: Are they linked?, *Anthrozoös*, *13*, 194–202.

Sprinkle, J. E. (2008). Animals, empathy, and violence. Can animals be used to convey principles of prosocial behavior to children?, *Youth Violence and Juvenile Justice*, *6*, 47–58.

Zusammenfasung: Auch wir beeinflussen sie!

Bertenshaw, C., Rowlinson, P., Edge, H., Douglas, S. & Shiela, R. (2008). The effect of different degrees of „positive" human-animal interaction during rearing on the welfare and subsequent production of commercial dairy heifers, *Applied Animal Behaviour Science*, *114*, 65–75.

Peeters, E., Deprez, K., Beckers, F., De Baerdemaeker, J., Aubert, A. E. & Geers, R. (2008). Effect of driver and driving style on the stress responses of pigs during a short journey by trailer, *Animal Welfare*, *17*, 189–196.

Herzog, H. (2006). Forty-two thousand and one Dalmatians: Fads, social contagion, and dog breed popularity, *Society and Animals*, *14*, 383–397.

Gunnthorsdottir, A. (2001). Physical attractiveness of an animal species as a decision factor for its preservation, *Anthrozoös*, *14(4)*, 204–215.

Wells, D. L. & Hepper, P. G. (1999). Male and female dogs respond differently to men and women, *Applied Animal Behaviour Science*, *61(4)*, 341–349.

Index